纺织服装高等教育"十二五"部委级规划教材

高职高专染整类项目教学系列教材

染整技术基础

RANZHENG JISHU JICHU

王开苗　陈　利 主编

东华大学出版社
·上海·

内容提要

全书共分纺织纤维识别、纺织品种识别、染料识别与选用和染色基础四个项目，每个项目设置四至五个任务；着重介绍纺织纤维的基本概念、分类和性质特点；解读纤维高分子物的结构及主要性能，常见纺织纤维的鉴别分析方法，常见纤维制品（纱线、织物）的结构和性能特点，代表纺织品种的组织结构、规格识别与计算，染料的基本概念、分类、命名及其质量评价，染料的颜色，以及染料的结构与应用性能的一般关系；系统介绍染色的基本原理和基本方法及纺织品染色设备；并设计了纤维鉴别分析、纺织品种识别、染料基本性能和应用性能测试等技能训练任务。本书在内容的选取和组织设计上，突出项目引领、任务驱动、实践导向的构建理念。

本书主要供染整技术专业或纺织服装领域其他专业作为教材使用，也可供纺织印染行业的技术人员参考。

图书在版编目(CIP)数据

染整技术基础/王开苗,陈利主编．—上海：
东华大学出版社,2015.3
ISBN 978-7-5669-0672-4

Ⅰ.①染…　Ⅱ.①王…　②陈…　Ⅲ.①染整
Ⅳ.①TS19

中国版本图书馆 CIP 数据核字(2014)第 281992 号

责任编辑：张　静
封面设计：李　博

出　　　版：东华大学出版社(上海市延安西路1882号,200051)
本 社 网 址：http://www.dhupress.net
天猫旗舰店：http://dhdx.tmall.com
营 销 中 心：021-62193056　62373056　62379558
印　　　刷：南通印刷总厂有限公司
开　　　本：787 mm×1 092 mm　1/16　印张　10.5
字　　　数：262 千字
版　　　次：2015 年 3 月第 1 版
印　　　次：2015 年 3 月第 1 次印刷
书　　　号：ISBN 978-7-5669-0672-4/TS・583
定　　　价：29.00 元

前 言

染整技术专业承担着为纺织印染行业培养高素质技术技能型人才的职责。近年来,各院校的专业教学团队围绕高职教育的人才培养目标要求,不断深化教育教学改革,积极探索产学研结合的发展道路,创新实施工学结合人才培养模式,在对印染行业企业岗位职业能力调研论证的基础上,科学构建符合职校生能力递进培养的专业课程体系。为了推进行动导向教学理念,满足项目导向、任务驱动的课程教学模式的需要,结合纺织服装高等教育"十二五"部委级规划教材的要求,山东轻工职业学院组织编写了这本染整技术专业教材《染整技术基础》。

本教材是校企合作开发的项目化教材。教材内容的选取以纺织品染整生产实际工作需要为核心,以配套支撑后续纤维制品染整工艺课程的学习为出发点,以"必需和够用"为原则,经过内容整合、重构、编排,形成四个教学项目。各教学项目的排序遵从染整实际生产任务的策划思路,项目中的学习任务设计突出学生认知规律和技能提升规律。根据纺织品染整加工必须明确的两大物料及其相互作用,即"纺织纤维及其制品(纺织品)物料、染料物料、染色"确定教学项目。依据"纺织纤维—纤维制品(纺织品)—染料—染色"作为载体和主线,设计教学基本任务,每个项目均设计了技能训练任务,实现学做合一。

本书针对每个项目提出了应知、应会学习要求,便于学习者有目标地进行学习;设计了"情景与任务",引领学习者努力体验职业岗位角色,在任务驱动下学习;编选了过关自测题及课外主题拓展建议,便于学习者自我检验评估学习成效,锻炼自主学习能力。

全书由王开苗、陈利担任主编,详细设计全书框架结构,并编写提纲。其中,项目一由梁菊红、王开苗和许兵编写;项目二由陈利主编,刘伟、黄超、武燕、薛道顺、刘丽娜参与编写;项目三由王开苗编写;项目四由杨秀稳和于子建编写。全书由王开苗统稿。郭常青教授及鲁泰纺织股份有限公司倪爱红高工详细评阅了整本书稿。全书编委及编写分工情况见下表:

《染整技术基础》项目化教材编委分工一览表

姓名	职称	工作单位	完成编写任务	
			项目	任务
王开苗	副教授	山东轻工职业学院		主持全书各项目总体编写框架和提纲等设计,以及各项目教学目标要求,全书统稿
			项目一	任务三的一~三
			项目三	任务一~任务五,技能训练任务,情景与任务,过关自测题及主题拓展
陈利	副教授	山东轻工职业学院		项目二编写框架及提纲,项目二各任务统稿
			项目二	任务五,情景与任务,技能训练任务,过关自测题及主题拓展
梁菊红	教授	山东轻工职业学院	项目一	任务二,任务四,任务三的四~六,技能训练一、三、四
杨秀稳	教授	山东轻工职业学院	项目四	任务一~任务三,技能训练任务,情景与任务,过关自测题及主题拓展
许兵	讲师	山东轻工职业学院	项目一	任务一,任务三的七,技能训练二、五,情景与任务,过关自测题及主题拓展
武燕	讲师	山东轻工职业学院	项目二	任务二(棉织物),任务四
薛道顺	讲师	山东轻工职业学院	项目二	任务三(麻织物)
于子建	助理讲师	山东轻工职业学院	项目四	任务四
刘丽娜	讲师	山东轻工职业学院	项目二	任务一
刘伟	高级工程师	淄博大染坊丝绸发展有限公司	项目二	任务二
黄超	工程师	淄博大染坊丝绸发展有限公司	项目二	任务五的二、三
郭常青	教授/高级工程师	山东轻工职业学院		编写结构及全书稿评阅
倪爱红	高级工程师	鲁泰纺织股份有限公司		全书稿评阅

  本教材在编写过程中,全国纺织服装职业教育教学指导委员会委员张玉惕教授、染整技术专业指导委员会委员郭常青教授提出了许多宝贵建议,并得到了淄博大染坊丝绸发展有限公司、鲁泰纺织股份有限公司、诸城瑞福生毛纺织有限责任公司等企业的大力支持,为编选纺织品种提供了大量的素材资料。此外,在本教材编写过程中参考了大量印染行业专家、学者和同行的著作和文献,限于篇幅只列出主要参考资料。在此一并致以诚挚的谢意!

  限于编者水平,错误和缺点在所难免,真诚欢迎读者批评指正。

编 者
2014 年 12 月

目 录

项目一　纺织纤维识别 /001

【情景与任务】 /001

任务一　纺织纤维分类及特点 /001
　　一、纺织纤维的概念 /002
　　二、纺织纤维的分类 /002
　　三、纺织纤维的基本性能特点 /003
　　四、常见纺织纤维的性能特点 /004

任务二　纺织纤维的结构剖析 /006
　　一、高分子化合物的基本概念 /006
　　二、纤维大分子链的化学结构剖析(一次结构) /011
　　三、纤维大分子链的形态结构剖析(二次结构) /012
　　四、纤维大分子链的聚集态结构剖析(三次结构) /014
　　五、纤维的形态结构解读 /016
　　六、纤维的结构层次解读 /017

任务三　纺织纤维的主要性能解读 /017
　　一、纤维高分子物的热力学性质 /017
　　二、纤维的机械拉伸性能 /019
　　三、纤维的力学松弛现象 /021
　　四、纤维的弹性 /022
　　五、纤维的吸湿性 /023
　　六、纤维的化学性能 /024
　　七、纤维的其他性能 /025

任务四　纺织纤维结构与性能的一般关系 /030
　　一、纤维的结构与吸湿性能 /030
　　二、纤维的结构与力学性能 /031
　　三、纤维的结构与化学性能 /032

【技能训练】 /032
　　一、燃烧法鉴别常见纤维训练 /033
　　二、显微镜法鉴别常见纤维训练 /034
　　三、化学法鉴别常见纤维训练 /036
　　四、涤棉混纺制品定量分析训练 /037

五、棉纤维制品机械性能测试训练 /038
　【过关自测】/041
　【主题拓展】新型纺织纤维材料的发展现状 /041

项目二　纺织品种识别 /042

　【情景与任务】/042
　任务一　纱线、织物分类与规格解读 /042
　　　一、纱线分类与规格解读 /042
　　　二、织物分类与规格解读 /049
　任务二　棉类织物品种识别 /056
　　　一、棉织物的分类及特点 /056
　　　二、棉类织物代表品种 /056
　　　三、棉类织物主要生产工序与任务 /064
　任务三　麻类纺织品种识别 /066
　　　一、麻纺织品种类及特点 /066
　　　二、麻类织物代表品种 /068
　任务四　毛类织物品种识别 /070
　　　一、毛织物特点及分类 /070
　　　二、毛织物代表产品 /071
　　　三、毛织物主要生产工序与任务 /076
　任务五　丝织物品种识别 /077
　　　一、丝织物种类及特点 /077
　　　二、出口丝织物品种编号 /078
　　　三、蚕丝类丝线代表品种 /079
　　　四、丝织物类代表品种 /080
　　　五、交织物类代表品种 /086
　　　六、丝织物生产主要工序与任务 /086
　【技能训练】/088
　　　一、棉、麻织物代表品种识别训练 /088
　　　二、毛织物代表品种识别训练 /089
　　　三、丝织物代表品种识别训练 /090
　【过关自测】/090
　【主题拓展】纺织品市场调查报告 /092

项目三　染料识别与选用 /093

　【情景与任务】/093
　任务一　认识染料与颜料 /093
　　　一、染料的基本概念 /094
　　　二、颜料的基本概念 /094

任务二　染料的分类、命名与质量评价 /094
　　一、染料的分类与选用 /094
　　二、染料的命名 /097
　　三、染料的质量评价 /099
　　四、染料的商品化加工 /101

任务三　染料的颜色解读 /102
　　一、光与色的基本概念 /102
　　二、染料发色理论 /105
　　三、染料分子结构与颜色的一般关系 /107
　　四、外界因素对染料颜色的影响 /109
　　五、颜色的混合 /110

任务四　染料结构与一般应用性能的关系 /110
　　一、染料分子的一般结构特征 /110
　　二、染料结构与溶解性 /112
　　三、染料结构与直接性 /113
　　四、染料结构与匀染性 /113
　　五、染料结构与染色牢度 /114

任务五　颜料、荧光增白剂、禁用及环保染料的概念 /115
　　一、颜料 /115
　　二、荧光增白剂 /120
　　三、禁用及环保染料 /121

【技能训练】/123
　　一、测定染料的吸收光谱曲线 /123
　　二、测定染料的标准曲线 /125
　　三、测定染料的比移值(亲和力) /125
　　四、测定染料的力份 /126
　　五、测定染料的匀染性能 /127
　　六、测定染料的扩散性能 /128
　　七、测定染料的配伍性能 /129
　　八、测定染料的移染性能 /129

【过关自测】/130

【主题拓展】天然染料来源及其应用 /130

项目四　染色基础 /132

【情景与任务】/132

任务一　染色基本概念 /132
　　一、染色与上染 /132
　　二、染色过程及影响因素 /133
　　三、染色质量评价术语 /134

任务二　染色基本原理解读 /135
　　一、染料在水中的状态 /135
　　二、纤维在染液中的状态 /137
　　三、促染和缓染 /139
　　四、染色平衡及吸附等温线类型 /141
　　五、染色动力学和热力学的概念 /143
任务三　染色常用方法 /144
　　一、染色方法的一般分类 /144
　　二、浸染方法 /145
　　三、轧染方法 /147
任务四　常用染色设备 /148
　　一、织物浸染染色设备(间歇式染色设备) /149
　　二、织物轧染染色设备(连续化染色设备) /150
　　三、散纤维及纱线染色设备(间歇式浸染设备) /151
【技能训练】/153
　　一、棉布染色操作(以浸染法为例) /153
　　二、染料上染百分率测定 /155
　　三、上染速率曲线测定 /156
【过关自测】/157
【主题拓展】新型染色方法(或设备)发展现状 /157

项目一 纺织纤维识别

学习目标要求

（一）应知目标要求：熟记纺织纤维的分类及性质特点；掌握有关高分子化合物的基本概念，理解并掌握纺织纤维的结构特征；熟悉纤维基本性能的表征参数；理解纤维结构与性能之间的基本关系；了解新型纺织纤维的发展现状。

（二）应会目标要求：能够选用适当方法识别常见纺织纤维类别；能设计混纺纤维制品的定量分析方案；能剖析描述纺织纤维的结构；能根据纺织纤维的基本结构推断其物化性能特点。

【情景与任务】

2012年8月初，某公司一业务员接到英国客户10 000条平脚男士短裤的订单。兴奋之余，让业务员犯难的是短裤来样标牌中，原料只标注了"纤维素纤维"，而根据他的手感目测经验，可以排除纤维素纤维家族中棉、麻等天然纤维素纤维，应该是黏胶"兄弟"家族。根据该业务员的市场调研，用来制作男士短裤的黏胶"兄弟"有 Modal（莫代尔）、Tencel（天丝）、竹纤维等，用的材料不同，价格相差很大。青岛一内衣生产企业提供了三种原料的平脚短裤的价格，兰精Modal 36元/条，Tencel（天丝）32元/条，竹纤维18元/条。该业务员如何下订单给生产企业呢？

在纺织服装领域内，从事外贸业务、面料采购或印染生产等工作的人员，常常需要对各种各样的纤维原料，以及混纺面料的混纺比加以分析确定，前者为定性鉴别，后者为定量分析。在通常条件下，不可能仅仅靠触摸或者目视就能将纤维鉴别清楚，特别是各类仿真新材料、新产品的不断涌现，使纤维原料的鉴别分析难度加大，于是纤维原料鉴别的手段、方法和设备在不断地创新和发展。而所有纤维的分析鉴别方法，无不根据纤维的结构或性能特征发展而来的。

任务一 纺织纤维分类及特点

远在原始社会，我们的祖先就已经利用天然的葛、麻、蚕丝或者通过狩猎获得兽皮、毛羽加工而成简单的衣服，以遮体御寒。在原始社会后期，随着社会的进步和生产的发展，特别是农牧业的发展，人们学会了种麻索缕、育蚕抽丝、养羊取毛，从而获取了纺织所需要的原料——纺织纤维。

化学纤维对纺织工业的技术进步起到了极大的推进作用。尤其是自20世纪30年代以来,科学家对纤维微结构的成功解剖,不仅为化学纤维工业的发展奠定了坚实的基础,而且对染整加工基础理论的产生和发展起到了重大的作用。

染整加工的基本对象是纤维,以及由纤维形成的纱线或织物。它是通过物理、化学或两者兼有的方法,改善或赋予纤维及其制品一定性能的加工过程。因此,熟悉和掌握纤维的基本性能,对染整工作者来说是十分重要的。

一、纺织纤维的概念

简单来说,凡是能用于纺织的纤维就称为纺织纤维。通常,把长度远大于粗细度(长粗比在10^3以上)、粗细度为几微米至上百微米的柔软细长体称为纤维。根据长度不同,可将纤维分为短纤维(如棉、麻等)和长纤维或长丝(如蚕丝)。纤维不仅可以进行纺织加工,而且可以作为填充料、增强基体,或直接形成多孔材料,或组合构成刚性或柔性复合材料。在日常生活中,人们每时每刻都会接触到各种用途的纺织品。这些纺织品的原料就是纺织纤维。

纤维的长度一般用毫米(mm)、厘米(cm)、米(m)度量,直径一般用微米(μm)度量。短纤维的长度较短,如棉的长度为30~40 mm,亚麻的长度为11~38 mm,山羊绒的长度为30~40 mm,羊毛的长度为50~70 mm。除蚕丝外,其他长纤维都是通过人工纺丝制成的,其长度可以自由调节,可以根据需要制成不同的长度,如仿棉型纤维的长度为30~40 mm,仿毛型纤维的长度为75 mm左右,长度为51~75 mm的纤维称为中长纤维。蚕丝的长度一般在几百米以上。

二、纺织纤维的分类

纺织工业中使用的纤维种类很多。纺织纤维按其来源分为两大类,即天然纤维和化学纤维(又称人造纤维)。另外,纺织纤维还可根据其长短等形态结构、色泽、性能特征等进行分类。相关分类情况如下:

1. 按照形态结构分类

(1)短纤维。长度为几十毫米的纤维。

(2)长丝。长度很长(几百米至几千米)的纤维。

(3)薄膜纤维。高聚物薄膜经纵向拉伸、撕裂、原纤化或切割后拉伸而制成的化学纤维。

(4)异形纤维。通过非圆形的喷丝孔加工,具有非圆形截面形状的化学纤维。

(5)中空纤维。通过特殊喷丝孔加工,在纤维轴向中心具有连续管状空腔的化学纤维。

(6)复合纤维。由两种及两种以上的聚合物或具有不同性质的同一类聚合物,经复合纺丝法制成的化学纤维。

(7)超细纤维。比常规纤维细度细得多(0.4 dtex)的化学纤维。

2. 按照色泽分类

(1)本白纤维。自然形成或工业加工的颜色呈白色系的纤维。

(2)有色纤维。自然形成或工业加工时人为加入各种色料而形成的具有很强色牢度的各色纤维。

(3)有光纤维。生产时经增光处理而制成的光泽较强的天然纤维或化学纤维。

(4) 消光纤维。生产时经过消光处理而制成的光泽暗淡的化学纤维。
(5) 半光纤维。生产时经过部分消光处理而制成的光泽中等的化学纤维。

3. 按照来源和化学组成分类

纺织纤维的分类如下所示：

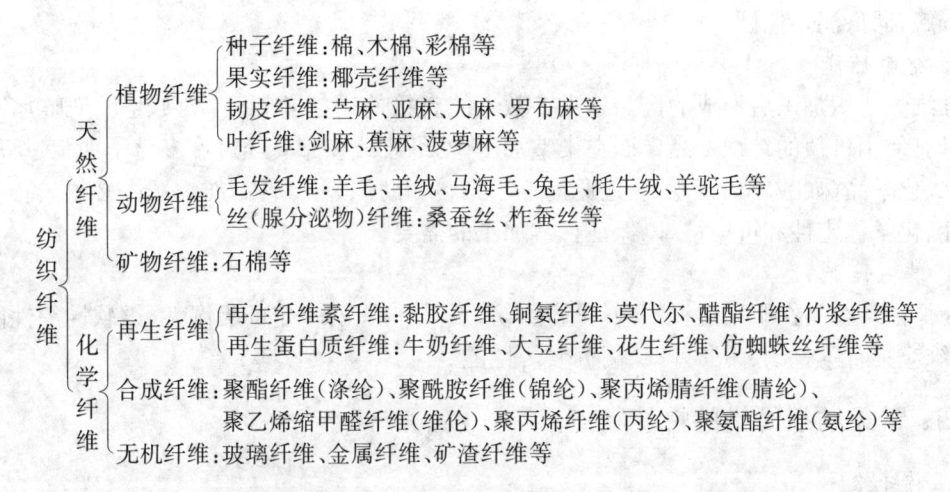

```
                ┌─植物纤维─┬─种子纤维：棉、木棉、彩棉等
                │         ├─果实纤维：椰壳纤维等
                │         ├─韧皮纤维：苎麻、亚麻、大麻、罗布麻等
       ┌─天然纤维┤         └─叶纤维：剑麻、蕉麻、菠萝麻等
       │        ├─动物纤维─┬─毛发纤维：羊毛、羊绒、马海毛、兔毛、牦牛绒、羊驼毛等
       │        │         └─丝(腺分泌物)纤维：桑蚕丝、柞蚕丝等
纺织纤维┤        └─矿物纤维：石棉等
       │        ┌─再生纤维─┬─再生纤维素纤维：黏胶纤维、铜氨纤维、莫代尔、醋酯纤维、竹浆纤维等
       │        │         └─再生蛋白质纤维：牛奶纤维、大豆纤维、花生纤维、仿蜘蛛丝纤维等
       └─化学纤维┤合成纤维：聚酯纤维(涤纶)、聚酰胺纤维(锦纶)、聚丙烯腈纤维(腈纶)、
                │         聚乙烯缩甲醛纤维(维纶)、聚丙烯纤维(丙纶)、聚氨酯纤维(氨纶)等
                └─无机纤维：玻璃纤维、金属纤维、矿渣纤维等
```

4. 按性能特征分类

(1) 普通纤维。应用历史悠久的天然纤维和常用的化学纤维的统称,其性能表现、用途范围为大众所熟知,且价格便宜。

(2) 差别化纤维。属于化学纤维,其性能和形态区别于普通纤维,在普通纤维原有的基础上,通过物理或化学的改性处理,使其性能得以增强或改善的纤维,主要表现在对织物手感、服用性能、外观保持性和舒适性等方面。如阳离子可染涤纶、超细、异形、异收缩纤维、高吸湿、抗静电纤维、抗起球纤维,等等。

(3) 功能性纤维。在某一或某些性能上表现突出的纤维,主要指在热、光、电的阻隔与传导,过滤、渗透、离子交换和吸附,以及安全、卫生、舒适等性能。

需要说明的是,随着生产技术和商品需求的不断发展,差别化纤维和功能性纤维出现了复合与交叠的现象,界限渐渐模糊。

(4) 高性能纤维(特种功能纤维)。用特殊工艺加工的具有特殊功能或特别优异的性能的纤维,如超高强度、高模量、耐高温、耐腐蚀、高阻燃。如对位/间位芳纶,碳纤维,聚四氟乙烯纤维,陶瓷纤维,碳化硅纤维,聚苯并咪唑纤维,高强聚乙烯纤维,等等。

(5) 环保纤维(生态纤维)。这是一种新概念的纤维类属。传统的天然纤维属于此类,但更强调纺织加工中降低对化学处理的要求,如天然的彩色棉花、彩色羊毛、彩色蚕丝制品无需染色;再生纤维中以纺丝加工时对环境污染降低和对天然资源的有效利用为特征的纤维也属此类,如天丝纤维、莫代尔纤维、大豆纤维、甲壳素纤维等。

三、纺织纤维的基本性能特点

为适应纺织加工的需要,满足人们的使用要求,纺织纤维一般应具备以下性能特点:

1. 物理机械性能

(1) 长度。长度在 10 mm 以上的纤维才具有纺织价值。过短,则可纺性差,只能用作造纸、无纺布或再生纤维的原料。

(2) 机械性能。纺织纤维在加工及使用过程中,经常受到外力的拉伸、揉搓、摩擦等作用。因此,纺织纤维必须具备一定的强度、延伸性、弹性等机械性能。

(3) 热性能。纺织纤维对热应具有一定的稳定性,以保证纤维在使用及加工过程中遇高温不分解,遇低温不僵硬。

2. 化学性能

纤维经纺织加工后形成的产品绝大多数不能直接使用,其制品一般要经过染整加工才能成为具有使用价值的纺织产品。而在染整加工中,纤维或坯布要经过许多化学加工过程,经常接触水、化学品(如酸、碱、氧化剂、还原剂等)、染料和助剂等。所以,纺织纤维必须具备一定的耐水性、化学稳定性和可染性,以保证正常加工的需要。

3. 其他性能

为保证纺织品在服用过程中的舒适性,纺织纤维应具有一定的吸湿性、柔软性等性能。另外,纤维应具有耐日晒、耐紫外线、耐气候等性能。

四、常见纺织纤维的性能特点

1. 棉纤维

(1) 棉纤维不溶于水,仅能有限度地膨化,属于吸湿性能良好的纤维。原棉的公定回潮率为11%。

(2) 棉纤维耐碱不耐酸。无机酸对棉有腐蚀作用,在热稀酸和冷浓酸中纤维溶解,有机酸的作用较弱。稀碱溶液可对棉布进行"丝光"处理,得到"丝光棉"。

(3) 一般的有机溶剂不溶解棉纤维,但可溶解棉纤维中的伴生物;棉纤维染色适用活性、还原、硫化、直接、偶氮染料,色谱齐全,色泽鲜艳。

(4) 干热对棉的作用称为耐热性。绝对干态条件下,棉纤维在120℃逐渐发黄,150℃开始分解。

(5) 光对棉纤维长期照射,能损伤纤维。

(6) 棉在潮湿情况下,微生物极易生长繁殖。

2. 羊毛与蚕丝

(1) 羊毛和蚕丝不溶解于冷水,但水可使纤维膨化。在110℃以上的水中,羊毛会遭到破坏,200℃时几乎全部溶解;蚕丝无明显作用。羊毛的公定回潮率为16%,桑蚕丝的公定回潮率为11%。

(2) 弱酸或低浓度的强酸不会对羊毛构成破坏,硫酸短时间作用也不会损坏,但长时间作用会遭到破坏。酸对蚕丝有特殊作用:酸缩与丝鸣。蚕丝用浓无机酸处理很短时间,蚕丝发生显著收缩,即酸缩;用弱酸(醋酸、酒石酸等)处理蚕丝,可改善光泽和手感,并产生特殊声响即丝鸣。

(3) 碱会催化肽键水解,使蛋白质溶解。强碱(如苛性碱)的作用强烈,其他弱碱不致造成明显损伤。浓碱对蛋白质的损伤较大,高温下损伤较大,时间越长,损伤越严重。电解质总浓度越高,水解越剧烈。添加中性盐也会增加纤维的损伤。在煮沸的 NaOH 溶液中(3%以上浓度),羊毛全部溶解,表现出不耐碱性。

(4) 蚕丝和羊毛都不耐氧化剂。当氧化剂浓度不高时,注意控制,可用来漂白羊毛。

(5) 羊毛和蚕丝耐霉菌，但不耐虫蛀。
(6) 羊毛和蚕丝耐一般的有机溶剂。

3. 黏胶纤维

(1) 黏胶纤维采用湿法纺丝法而制成，其截面为锯齿形，并有皮芯结构，纵向平直有沟槽。
(2) 黏胶纤维的基本组成是纤维素，与棉纤维相同。黏胶纤维的耐碱性较好，但是不耐酸，其耐酸碱性均较棉纤维差。
(3) 黏胶纤维的结构松散，其吸湿能力优于棉，是常见化学纤维中吸湿能力最强的纤维，其公定回潮率为13%。
(4) 黏胶纤维的染色性很好，染色色谱齐全，可以染成各种鲜艳的颜色。
(5) 黏胶纤维的耐热性和热稳定性较好。
(6) 黏胶纤维的吸湿能力强，比电阻较低，抗静电性能很好。
(7) 黏胶纤维的耐光性与棉纤维相近。

4. 涤纶

(1) 涤纶纤维的密度小于棉纤维，而高于毛纤维。
(2) 涤纶分子中的吸湿基团较少，故吸湿能力很差，公定回潮率仅为0.4%。
(3) 涤纶的染色性较差，染料分子难于进入纤维内部，一般染料在常温下很难上染，因此多采用分散染料进行高温高压染色、热熔法染色或载体染色，也可以进行纺丝流体染色，生产有色涤纶。
(4) 涤纶的耐碱性较差，仅对弱碱有一定的耐久性，在强碱溶液中容易发生剥落，也就是常用的涤纶仿真丝"减碱量"工艺。涤纶对酸的稳定性较好，特别是对有机酸，有一定的耐久性。
(5) 涤纶有很好的耐热性和热稳定性。在150 ℃下处理1 000 h，其色泽稍有变化，强力损失不超过50%。但涤纶遇火易产生熔孔。
(6) 涤纶因吸湿能力很差，比电阻较高，导电能力极差，易产生静电，给纺织加工带来不利影响。同时，由于静电电荷积累，易吸附灰尘。
(7) 涤纶有较好的耐光性，其耐光性仅次于腈纶。

5. 锦纶

(1) 纺织中常用的锦纶是锦纶6和锦纶66。锦纶的外观形态和涤纶相似，截面为圆形，纵向为圆棒状。
(2) 锦纶的化学组成为聚酰胺类高聚物，耐碱性较好，但是耐酸性较差，特别是对无机酸的抵抗力很差。
(3) 锦纶中含有酰胺键，故吸湿性是合成纤维中较好的，公定回潮率为4.5%左右。
(4) 锦纶的染色性较好，色谱较全。
(5) 锦纶的耐热性较差，随温度升高，强度下降，遇火易产生熔孔。
(6) 锦纶的比电阻较高，但具有一定的吸湿能力，使其静电现象并不十分突出。
(7) 锦纶的耐光性差，在长期光照下，强度降低，色泽发黄。

6. 腈纶

(1) 腈纶采用湿法纺丝制取，因此纤维的截面形状多为圆形或哑铃型，纵向平直有沟槽。
(2) 腈纶的强度较低，弹性较差，尺寸稳定性较差，耐磨性是化学纤维中较差的。

(3) 腈纶的吸湿能力较涤纶好,但较锦纶差,公定回潮率为2%左右。

(4) 腈纶由于为空穴结构和第二、第三单体的引入,染色性能较好,并且色泽鲜艳。

(5) 腈纶有较好的化学稳定性,但溶于浓硫酸、浓硝酸、浓磷酸等,在冷浓碱、热稀碱中会变黄,热浓碱能立即使其破坏。

(6) 腈纶的耐热性仅次于涤纶,优于锦纶,具有良好的热弹性,可以加工膨体纱。

(7) 腈纶的比电阻较高,易产生静电。

(8) 腈纶大分子中含有—CN,使其耐光性和耐气候性特别好,耐光性是常见纤维中最好的,适用阳离子、分散染料染色。

任务二 纺织纤维的结构剖析

一、高分子化合物的基本概念

在自然界中,普遍存在着高分子(又称大分子)物。它们与人们的日常生活有着密切的联系。可以说,人类的衣食住行都离不开高分子物。例如,人们穿的衣服、吃的食物等,都是高分子物。甚至人体本身也是由许多高分子物组成的。人们熟知的橡胶、塑料、纤维就是合成高分子材料的三大形态。因此,高分子化合物的应用是十分广泛的。

因为纺织纤维都是高分子化合物,所以要深入了解纤维的结构与性能,必须对高分子化合物的基本知识有所了解。

(一)高分子化合物的基本特性

高分子化合物简称高分子物或高聚物,是由含有两个及两个以上官能团的低分子化合物,通过共价键的形式连接而成的产物。与低分子物相比,其性质存在着明显的差异。

1. 高分子化合物具有很高的相对分子质量

高分子化合物的相对分子质量一般在 $10^4 \sim 10^7$,而普通低分子化合物的相对分子质量只有几十或几百。表1-1是几种常见物质的相对分子质量比较。

表1-1 常见物质的相对分子质量比较

低分子化合物		高分子化合物	
物质名称	相对分子质量	物质名称	相对分子质量
水	18	淀粉	10 000~80 000
乙醇	46	天然纤维素	约2 000 000
葡萄糖	198	涤纶	12 000~20 000
丙烯	42	锦纶	15 000~23 000
对苯二甲酸乙二醇酯	211	聚丙烯	6 000~200 000

2. 高分子化合物大分子内以共价键连接

高分子化合物的大分子是由许多相同或相似的结构单元,通过共价键相互连接而成的。比如:

聚乙烯大分子为：$\ce{-[CH2-CH2]_n}$

聚丙烯大分子为：$\ce{-[CH2-CH(CH3)]_n}$

聚硅氧烷大分子为：$\ce{-[Si(CH3)(CH3)-O]_n}$

n 为组成大分子的基本单元（基本链节）的重复次数，称为聚合度，一般用 DP 表示。高分子化合物的相对分子质量（M）是基本单元的相对分子质量（MA）的总和。即：

$$M = MA \cdot DP \tag{1-1}$$

由此可见，聚合度也可以用来表示高分子化合物分子的大小。

由于合成过程中反应机理和反应条件不同，使得链引发、链增长、链终止等有多种可能，因此同一高分子化合物通常是由许多链节相同、聚合度不同的同系物大分子组成的。这些同系物之间的链节数相差为整数，即 n 的数值不同。

3. 高分子化合物具有多分散性

由上述可知，在同一种高分子化合物内，大分子的化学组成基本相同，但相对分子质量和分子结构会在一定范围内变化。高分子化合物的相对分子质量和分子结构可在一定范围内变化，而又不影响其物理化学性质的特性，称为多分散性。

高分子化合物的多分散性包括两个方面：相对分子质量多分散性和结构多分散性。

低分子化合物有着严格的相对分子质量，如果其相对分子质量发生变化，即便是微小的变化，也会对物质性质产生影响。而高分子化合物则不同，由于其相对分子质量很高，所以在一定范围内变化并不影响它的基本特性。虽然同系物的性质会随着相对分子质量的增加发生一定的变化，但当相对分子质量增加到一定程度时，其性质将趋于稳定。

由于高分子化合物相对分子质量的多分散性，所以通常所指的高分子化合物的相对分子质量是一个平均值。其多分散性的程度一般用相对分子质量分布来表示，如图1-1所示。

在图1-1中，曲线1表示高分子化合物的相对分子质量主要集中分布在某一狭窄的范围内，其相对分子质量分散性小；而曲线2则相反，相对分子质量分布范围较宽，表示其相对分子质量分散性大。应注意的是，平均相对分子质量相同的高分子化合物，它们的相对分子质量分布不一定相同。一般而言，用于制造纤维材料的高分子化合物要求相对分子质量的分散性小一些；而用于制造塑料的高分子化合物，其相对分子质量的分散性可以大些。

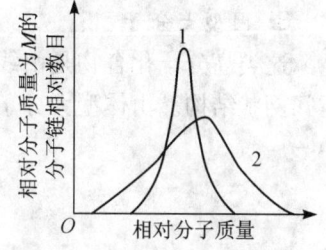

图1-1 高分子化合物的相对分子质量分布曲线

1—分散性小 2—分散性大

同样，高分子化合物的分子结构在一定范围内变化时，也不影响它的基本特性。

必须提及的是，多分散性对高分子化合物的某些性质，如熔点、溶解度、密度等有一定的影响，故在制备高分子化合物时，对其分散性有一定要求。

(二) 高分子化合物大分子的几何形状

高分子化合物大分子是由一定的基本结构单元重复连接而成的。但由于单体所含的官能团数量不同，形成的大分子的结构也就不同。一般单官能团的单体只能形成低分子化合物，而含有两个或两个以上官能团的单体，则会形成不同几何形状的高分子化合物。

高分子化合物的几何形状包括线型、支链型和体型三种，如图1-2所示。

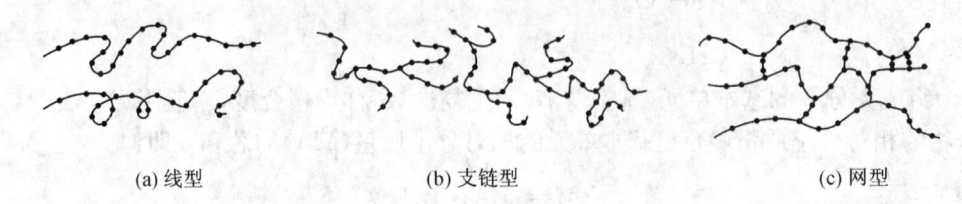

(a) 线型　　　　(b) 支链型　　　　(c) 网型

图1-2　高分子化合物大分子的几何形状示意图

1. 线型大分子

这类高分子化合物一般是由双官能团的单体形成的。它像一条线型长链，呈卷曲状，没有支链。若以A代表基本结构单元，则线型结构的大分子可表示为：

$$A'—A—A\cdots A—A—A''$$

由线型大分子组成的高分子物称为线型高分子物。

2. 支链型大分子

在高分子化合物的主链上带有相当数量的支链，支链的长短、数量各不相同。由支链型大分子组成的高分子化合物，称为支链型高分子化合物。其结构可表示为：

```
              —A—A—A        —A—A
                  \              \
····A—A—A—A—A—A—A—A—A—A—A—A—A—A—A—A
          |
····A—A—A—A—A
```

3. 网型大分子

这类高分子化合物是由线型大分子或支链型大分子间以共价键的形式连接而成的，具有空间网状结构。由体型大分子组成的高分子物，称为网型高分子物。其结构可表示为：

```
····A—A—A—A—A—A—A—A
        |       |
····A—A—A—A—A—A—A—A
        |       |
····A—A—A—A—A—A—A—A
```

高分子化合物的性质与其几何形状有着密切的关系。由于线型和支链型高分子化合物的分子形状不同，影响到分子链的排列和分子间相互作用不同。所以，即使两者具有相同的化学组成和相同的平均相对分子质量，其性质也有差异。具体而言，支链型高分子物由于分子间排列较为松散，分子间相互作用力较弱，所以其溶解度比线型高分子化合物大，而熔点和机械强度则较小。线型和支链型高分子化合物可以溶解于适当的溶剂中，受热也会熔融。大多数纺织纤维都呈线型结构。而体型高分子物一般不能溶解，受热也不能熔融，且具有高硬度，一般不能用作纺织纤维。

(三) 高分子化合物的分子间力

物质分子之间普遍存在着相互作用力。通常分子间力很小,其能量只有 8~41 kJ/mol。低分子化合物的分子间力远远低于主价键,甚至可以忽略不计。但高分子化合物则不同,由于它们具有很高的相对分子质量,因此其分子间力的总和远远大于分子链上每个单键的能量。

高分子化合物分子间力的这一特点,使高分子化合物具备一些特有的性能,如只有液态和固态,没有气态。因为高分子化合物的分子链很长,有着很高的分子间力,单个大分子难以挣脱分子间力的约束而离开高分子化合物,所以它没有气态。

分子间力又称为次价键力,包括范德华力和氢键。

1. 范德华力

范德华力是物质间普遍存在的一种作用力,包括色散力、取向力和诱导力三种。

当分子中由于原子正/负电中心在瞬间内偏离而造成瞬时偶极,瞬时偶极间的相互作用力称为色散力。色散力的能量一般为 0.8~8 kJ/mol。

取向力是极性分子永久偶极间的相互静电作用力,其能量为 12~21 kJ/mol。取向力会随温度升高而下降。

非极性分子能在极性分子的作用下产生诱导偶极,诱导偶极与永久偶极间的相互作用力称为诱导力,它的能量一般为 6.3~12 kJ/mol。

只有当分子间距离为 0.28~0.5 nm 时,范德华力才会产生,其作用力的大小与距离的 6 次方成反比。

2. 氢键

氢键是指氢原子与两个电负性较大而半径较小的原子(如 F、O、N 等)相结合而形成的一种次价键。氢键键能一般为 21~42 kJ/mol。

只有当分子间距离小于 0.26 nm 时,氢键才能产生。高分子化合物大分子的分子间和分子内部均可形成氢键。

由于高分子化合物的相对分子质量很大,而且存在多分散性,所以高分子化合物分子间的作用力不能简单地用某一种力来表示。实际上,高分子化合物分子间存在的力并不都是引力,也存在斥力。因此,衡量高分子化合物分子间作用力的大小,应该是分子间各种引力和斥力的总和。为了表示高分子化合物分子间作用力的大小,通常采用内聚能或内聚能密度指标。

所谓内聚能(ΔE),是指分子聚集在一起的总能量,它等于将同样数量的分子分离时的总能量。内聚能密度(CDE)是指单位体积的内聚能。

$$\Delta E = \Delta H_v - RT \tag{1-2}$$

$$CDE = \frac{\Delta E}{V_m} \tag{1-3}$$

式中:ΔH_v——摩尔蒸发(升华)热;

RT——转化为气体时所做的膨胀功;

V_m——摩尔体积。

不同的高分子化合物的内聚能密度不同。由于高分子化合物不能气化,因而难以直接测定,只能采用与低分子溶剂相比较的方法进行估计。表 1-2 为部分物质的内聚能密度。

表1-2 某些高分子化合物的内聚能密度

高分子化合物	内聚能密度(J/mol)	高分子化合物	内聚能密度(J/mol)
聚乙烯	259	聚甲基丙烯酸甲酯	347
聚异丁烯	272	聚氯乙烯	381
天然橡胶	280	聚对苯二甲酸乙二醇酯	477
丁苯橡胶	276	锦纶66	774
聚苯乙烯	305	聚丙烯腈	992

上述高分子物,由于内聚能密度不同,其性质也不相同。高分子化合物的内聚能密度较低。当高分子化合物的内聚能密度在 292 J/mol 以下时,分子链比较柔顺,容易变形,具有较好的弹性,通常用作橡胶;高分子化合物的内聚能密度在 418 J/mol 以上时,分子间力大,具有较高的机械强度和耐热性,可用作纤维。

(四)高分子化合物的合成反应类型

很多高分子化合物是由简单的低分子化合物通过化学方法合成的。这些简单的低分子化合物称为单体。由单体合成高分子物的化学方法主要有两类:缩聚反应和加聚反应。

1. 缩聚反应

缩聚反应是由含两个或多个官能团的单体,通过官能团的缩合作用形成大分子的过程。

缩聚反应在形成大分子的同时,还会生成一些简单的低分子化合物。例如聚酯的合成反应:

$$n\text{HOOC}-\text{C}_6\text{H}_4-\text{COOH} + 2n\text{HOCH}_2\text{CH}_2\text{OH} \longrightarrow$$
$$\text{HO}-(\text{CH}_2\text{CH}_2\text{OOC}-\text{C}_6\text{H}_4-\text{COOCH}_2\text{CH}_2\text{O})_n\text{H} + (2n-1)\text{H}_2\text{O}$$

在上述反应中,生成物除了聚酯大分子外,还有低分子物质——水。

按照参加反应的单体,可分为均缩聚反应、混缩聚反应和共缩聚反应三种。

(1)均缩聚反应。凡采用一种单体进行的缩聚反应,称为均缩聚反应。如采用己内酰胺为原料制备聚己内酰胺,采用对苯二甲酸双羟乙酯制备聚对苯二甲酸乙二酯。

(2)混缩聚反应。凡采用两种单体进行的缩聚反应,称为混缩聚反应。如采用二元酸和二元醇制备聚对苯二甲酸乙二醇酯,采用二元酸和二元胺制备聚酰胺。

(3)共缩聚反应。由三种或三种以上单体进行的缩聚反应,称为共缩聚反应。一般是指为改进产品的某种性能而加入其他组分的缩聚反应。如改性涤纶和腈纶的生产都采用了共缩聚反应。

由缩聚反应生成的高分子物的结构与单体的官能团有关。二官能团的单体可形成线型大分子,二官能团和三官能团的单体共同反应可形成支链型或体型大分子。若为三官能团或四官能团的单体进行反应,则形成体型大分子。

2. 加聚反应

加聚反应是由许多相同或不同的不饱和单体,通过加成反应生成高分子化合物的过程。所形成的大分子的化学组成与单体的化学组成基本上是相同的。例如聚丙烯的聚合反应:

$$n\text{CH}_2=\underset{\underset{\text{CH}_3}{|}}{\text{CH}} \longrightarrow (\text{CH}_2-\underset{\underset{\text{CH}_3}{|}}{\text{CH}})_n$$

加聚反应中,用一种单体进行聚合,称为均聚合反应;用两种或两种以上的单体进行聚合,称为共聚合反应。在共聚合反应中,因参加聚合的单体不同,可使高分子化合物大分子链上形成不同的结构:等规高聚物、间规高聚物、无规共聚物。

大分子链的结构变化会带来许多新的性能,目前出现的一些改性纤维即属此类结构。

加聚反应与缩聚反应的区别为:缩聚反应中会产生低分子化合物,如水、醇、氨、卤化氢等,因而生成的高分子物中链节的化学组成与单体组成不同;加聚反应中没有低分子副产物生成,其链节的化学组成与单体的化学组成相同。

（五）高分子化合物的分类和命名

高分子化合物的命名目前还没有统一的方法。对天然高分子物的命名多沿用俗名或专有名称,如纤维素、蛋白质、淀粉等。对合成高分子物,若结构明确,一般在其重复结构单元名称前加"聚"字,例如由乙烯为原料制成的高分子物称为聚乙烯、由丙烯为原料制成的称为聚丙烯、由对苯二甲酸乙二醇为原料制成的称为聚对苯二甲酸乙二酯等;也有在原料名称后加"树脂"一词,例如酚醛树脂、脲醛树脂、氰醛树脂等。另外,习惯上也有采用商品名称的,例如涤纶、尼龙、氨纶等。显然,俗称和商品名称的命名方法一般不能直观地反映该高分子物的化学结构,但由于名称简单易记,在实际生活和生产中得到了广泛应用。

关于高分子物的分类,目前有多种方法,比较常见的有:

（1）按来源分类,有天然高分子物和合成高分子物两大类,棉、麻、丝、淀粉等属于天然高分子物,而涤纶、腈纶、聚乙烯等属于合成高分子物。

（2）按用途分类,可分为纤维、塑料和橡胶三大类等。

（3）按受热或药剂作用下的性能分类,可分为热塑性、热固性和元素固化性三大类。热塑性是指受热(低于分解温度)可以软化或变形并能受多次反复加热模压的高分子物,如聚酯、聚酰胺、聚苯乙烯等。热塑性高分子物一般都是线型结构。热固性是指受热后转变为不熔状态的高分子物,如氰醛树脂、酚醛树脂等。热固性高分子物一般都是体型结构。元素固化性是指在一定元素(如 S 和 O)作用下能转变为不熔状态的高分子物,如橡胶。

（4）按大分子主链结构分类,可分为碳链高分子(如聚乙烯、聚乙烯醇等)、杂链高分子(如聚酯、聚酰胺等)和元素高分子(如聚硅氧烷、聚钛氧烷等)三大类。

（六）高分子化合物的结构特征

高分子化合物的结构比常见的低分子物要复杂得多。这是由于它们的分子较大,从而带来分子结构、形态、聚集状态等方面的差异。通过各种观测方法对高分子物结构进行研究后,发现高分子物是由许多不同层次、不同形式的结构组成的,它们具有各自的运动特点,正是由于这些结构、运动的多重性,使得高分子物呈现不同的性能。

高分子物的结构层次一般包括一次结构、二次结构和三次结构。一次结构是指大分子的化学组成和构型,一般称为分子链的化学结构;二次结构是指大分子链的构象,或称为分子的形态结构;三次结构是指大分子的聚集态结构。

二、纤维大分子链的化学结构剖析(一次结构)

纤维大分子链的化学结构,是指纤维大分子的原子或基团组成,以及这些原子或基团在分子链中的空间排列方式,即构型。这是纤维大分子的基础结构,由于这种排列方式是由化学键固定的,因而非常稳定。

在有机化学中,已经知道:当碳原子上所连的4个原子或基团各不相同(不对称)时,会形成立体异构。例如含取代基的乙烯类高分子化合物,如果将其拉成平面锯齿形,从立体结构的规整性看,取代基R分别位于碳原子所形成平面的上、下两侧位置时,会出现三种构型。图1-3所示为乙烯类高分子物的三种立体异构。

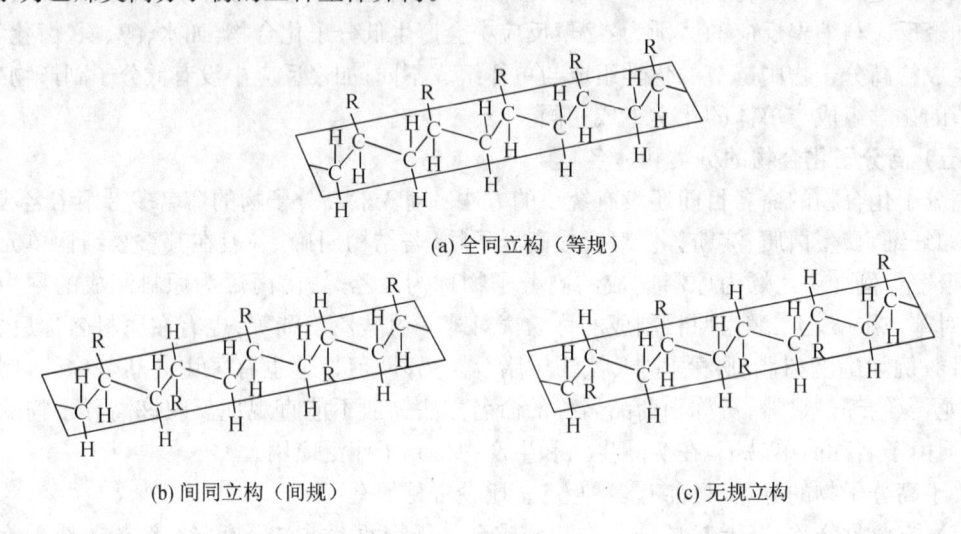

(a) 全同立构(等规)

(b) 间同立构(间规)　　　　　　　　　(c) 无规立构

图1-3　乙烯类高分子化合物的三种立体异构示意图

纤维大分子的化学组成对理解纤维的化学性能、吸湿染色性能等意义重大,而构型对纤维性能的影响明显。大分子链等规度高,分子排列规整,形成的纤维材料结构就比较紧密,容易形成结晶,因此导致纤维密度大、熔点高和不易溶解。例如:等规聚丙烯的熔点高、密度高,经纺丝可制成丙纶;而无规聚丙烯的熔点和密度太低,还不能用作纺织材料。

三、纤维大分子链的形态结构剖析(二次结构)

纤维大分子长链在空间表现出的不同形态,称为纤维大分子链的构象。由于纤维大分子链上各单键具有自由内旋转性,使同种纤维大分子链在空间的形态结构表现各异。

(一) 单键的内旋转

在纤维大分子主链结构中,存在着许多单键,即 σ 键。两个由 σ 键连接的原子可以相对旋转,而不影响其电子云分布。因此单键可以绕轴旋转,称为内旋转。例如将以3个单键相连的碳链 C_1—C_2—C_3—C_4 放在坐标上,键角为 $109°28'$。在保持键角不变的情况下,若 $σ_1$ 键以自身为轴旋转,则 $σ_2$ 键就会在与 C_2 相连的圆锥面上转动。这样由3个键组成的碳链就可以在空间产生许多形态。

人们将这种由于单键内旋转而产生的分子在空间的不同形态称为构象。图1-4为单键内旋转示意图。

由于纤维高分子物主链中所含的碳原子数很高,单键有许多,若每个单键都能进行自由内旋转,大分子在空间就会蜷缩成无数形态,所以纤维大分子链不会是僵硬的直线型,而是像一个杂乱的线团,人们称之为"无规线团"。大分子链的构象,在外力作用下或随温度升高会产生变化。

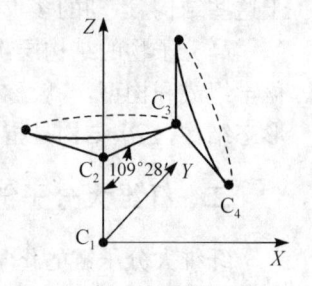

图1-4　C—C单键内旋转示意图

事实上，完全自由的单键内旋转是不可能存在的，因为碳原子上总会带有其他原子或基团，所以单键内旋转时，必须克服一定的阻力才能进行。这种内旋转称为受阻内旋转。受阻内旋转所受到的阻力称为位垒。由于位垒的存在，使纤维分子链的构象更加复杂。

（二）大分子链的柔顺性

链状大分子在分子内旋转的情况下可以卷曲收缩，可以扩展伸长，从而改变其构象的性质，称为柔顺性。显然，分子链的卷曲倾向越大，分子链越柔顺，分子链构象越多。表示大分子柔顺性的方法有两种：一种是链段长度表示法；另一种是均方末端距表示法。常用的是链段长度法。

在大分子中，任何一个单键在进行内旋转时，必定会带动周围链节一起运动，但由于大分子链很长，不可能所有的链节一起运动。受到带动而一起运动的若干链节称为链段，它被视为能够独立运动的最小单元。链段越短，大分子中能够运动的单元越多，构象越容易改变，大分子的柔顺性越大；反之，分子链柔顺性越小，呈现一定的刚性。例如，锦纶的链段长度为 1.66 nm，聚丙烯腈的链段长度为 3.17 nm，所以，锦纶比聚丙烯腈柔顺得多。

纤维分子链的柔顺性影响大分子的聚集状态，从而对纤维的物理机械性能产生很大的影响。一般认为，影响大分子柔顺的因素主要是主链结构、取代基的结构及性质和外界条件。

1. 主链因素

主链结构对大分子柔顺性的影响主要包括主链的组成和主链的长短两个方面。

高分子物大分子链并不都是由 C—C 链组成的。除 C—C 链外，还存在着 Si—O、C—O 链等。主链所含的原子不同，形成的键长、键角不同，因此大分子内旋转所受到的阻力不同，导致大分子的柔顺性不同。在一般情况下，不同主链的大分子的柔顺性依次为：

$$Si—O > C—O > C—C$$

因为 Si—O 链的键长、键角大于 C—O 的键长、键角，使得内旋转更容易，柔顺性更大；而 C—O 链的柔顺好于 C—C 链，是因为 C—O 链上的非主链原子间的距离大于 C—C 链。

如果主链结构中含有芳环或杂环，由于芳环或杂环不进行内旋转，所以大分子的柔顺性减小。

对于含双键的主链，双键对主链柔顺性的影响有两种情况：含孤立双键的大分子，虽然连接的原子不能内旋转，但可使与双键相邻的单键内旋转更自由，从而增加柔顺性；而含共轭双键的大分子，由于键的覆盖，使其内旋转困难，导致柔顺性下降。实际上，含共轭双键的大分子通常呈现刚性。

2. 侧链因素

主要是侧链取代基的性质与数量。取代基的体积大小、极性强弱及取代基的数量等，对高分子物大分子链的柔顺性有很大的影响。取代基体积大，内旋转所受阻力就大，分子链的柔顺性降低。同样，取代基的数量越多，链的柔顺性越低。就取代基的极性而言，极性增强，会增加大分子间的作用力，甚至使其产生交联，由于交联点的单键无法内旋转，使其柔顺性下降。通常，交联越多，大分子链的柔性越差，刚性越强。

3. 外界因素

外界因素对大分子柔顺性的影响主要是温度的影响。因为温度不同，大分子的运动状态不同。随温度升高，提供给大分子内旋转所需克服阻力的能量越多，分子热运动加强，使大分子中的原子、取代基、链段等越容易运动,大分子间的相互作用力也容易克服,从而使大分子柔顺性提高。如果温度降低,分子热运动能力降低,导致内旋转困难,大分子链的柔性就会降低。当温度下降到一定程度时,链段会发生"冻结",这时大分子链呈现僵硬状态。

利用温度可以改善大分子链的柔顺性这一特点,在高分子物的加工过程中,常常配合其他条件,以改变高分子物的形态结构及物理机械性质。

四、纤维大分子链的聚集态结构剖析(三次结构)

高分子物的聚集态结构指的是许许多多单个大分子在高分子物内部的排列状况及其相互联系,也称为超分子结构或微结构。需要特别指出的是,由于高分子物的聚集态结构直接影响到物质的加工性质和使用性质,对染整工作者来说,熟悉并掌握高分子物的聚集态结构是非常重要的。这里主要讨论固体高分子物的聚集态结构。

低分子固体物质有晶态和非晶态两种结构。组成物质的分子、原子或离子在空间以几何方式有规则的排列称为晶态,无规则的排列则称为非晶态。

自从应用射线研究高分子物聚集态结构后,发现许多高分子物虽然不像低分子晶体那样有规则的排列,但其内部也有一定数量的微小晶粒,而且晶粒内部具有最小的单元晶胞。因此,可以认为固体高分子物也有晶态和非晶态之分。不过,固体高分子物中大分子链的真实排列情况尚无定论。虽然有关高分子物聚集态的理论还存在一定的问题,但对帮助人们认识高分子物的基本结构和性质还是很有价值的。尽管高分子物和低分子物一样,都有晶态和非晶态,但与低分子物不同的是,同一化学结构的高分子物会因合成条件和加工条件不同而形成不同的晶体,从而导致高分子物性能的差异。例如聚对苯二甲酸乙二酯既可以制成高强度低伸长的纤维,也可以制成低强度高伸长的纤维。同一材料具有不同的应用性能,其关键在于高分子物超分子结构的差别。

固体高分子物有三种聚集形式:晶态、非晶态和取向态。为了更好地描述高分子物的聚集态结构,并直观地反映超分子结构与性能的关系,人们在提出结构理论的同时,往往伴以相应的模型进行分析解释。有关高分子物聚集态的理论与模型有很多,比较实用的结构理论与模型主要有以下几种:

(一)晶态结构

高分子物的晶态结构存在两种模型:两相结构模型和折叠链模型。

1. 两相结构模型

也称为缨状微胞模型,后又发展成缨状原纤结构模型,如图1-5所示。

在用X射线对高分子物的聚集态结构进行大量研究的基础上,人们提出了结晶高分子物缨状微胞模型。在这一模型中,大分子规则排列的部分称为晶区,它由若干个分子链段相互规整、紧密地排列而形成;大分子链呈无规则卷曲和相互缠结的部分称为非晶区。科学家们发现:很多高分子物中既含有结晶部分,也含有非晶(无定形)部分,因此认为高分子物的晶态结构是晶区与非晶区同时存在、不可分割的两相结构,其中单根大分子链可以同时贯穿几个晶区与非晶区。

这个模型对解释高分子物化学反应的不匀性,以及纤维的物

图1-5 结晶高分子物缨状微胞模型示意图
1—缨状:无序区中分子排列的状态
2—微胞:分子有序排列的结构块

理机械性能、染色性能等起到了很大的作用。但随着测试技术的发展,在观察纤维超分子结构时发现了比微晶体大得多的丝状组织,称为原纤结构,因而对两相结构模型进行了修正,提出了缨状原纤结构模型。这个模型认为:原纤内部的分子排列是有序的、结晶的,但可能存在缺陷;而原纤之间则属于非晶态。

2. 折叠链模型

这个模型是在应用电子显微镜直接观察高分子物晶体结构的基础上产生的。它认为,伸展的分子链倾向于相互聚集在一起形成链束;链束细而长,由于表面能很大,不稳定,会自发折叠成具有较小表面的带状结构;带状结构再进一步堆砌成晶片,由晶片堆砌最终形成晶体。图1-6为折叠链晶片模型示意图。

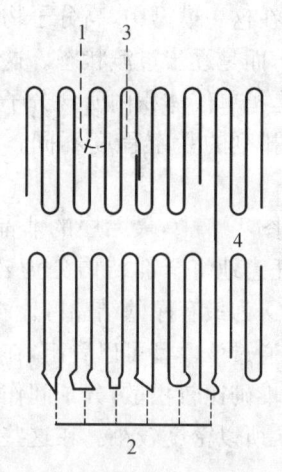

图1-6 折叠链晶片模型示意图
1—链末端 2—无序的表面层
3—缺陷 4—层间的连接链

在一般结晶高分子物中,折叠链与伸直链、结晶区与非晶区往往是共存的,其比例视大分子的结构和结晶条件而有所差异,结晶部分占40%～90%。在综合了晶态高分子物结构中可能存在的各种形态后,人们提出了一种折衷的结构模型:半晶高分子物折叠链模型,如图1-7所示。这个模型特别适合描述部分结晶高分子物复杂的结构形态。

在结晶高分子物中,一般用结晶度来衡量结晶的程度。其含义是结晶部分在整个聚集体中所占的比例。它有两种表示方法:一种是质量结晶度(f_W);另一种是体积结晶度(f_V)。

$$f_W = \frac{W_0}{W} \times 100\% \qquad (1-4)$$

$$f_V = \frac{V_0}{V} \times 100\% \qquad (1-5)$$

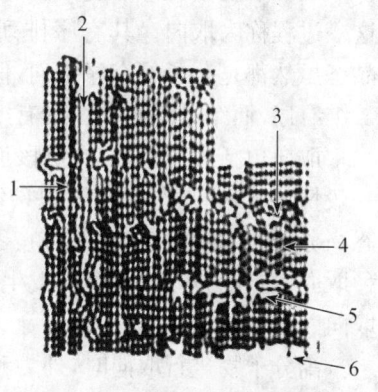

图1-7 半晶高分子物折叠链
模型示意图
1—直链 2—空穴 3—无定形区
4—晶区 5—折叠链 6—链末端

式中:W_0——结晶部分的质量;

V_0——结晶部分的体积;

W,V——聚集体的质量和体积。

结晶度大小对高分子物的性能有很大的影响,随结晶度增加,高分子物的强度、硬度、尺寸稳定性等提高,而延伸度、吸湿性、染色性等下降。

(二) 非晶态结构

仅有固体外表,没有晶格结构的高分子物称为非晶态结构,又称无定形结构。

过去人们认为非晶态结构的高分子物中,分子链完全无规则地缠结在一起,像一块"毛毡"。它的分子间力较弱,易于卷曲,分子链会随外力的施加而伸长,随外力的释放而回复。但实验发现,非晶态结构也有一定程度的有序性,因此出现了高分子物非晶态结构模型。

在这一模型中,高分子物的晶区与非晶区不存在截然分开的物理界面,而是逐步过渡状态。这可用侧序度的概念加以说明。所谓侧序度,是指单位体积内所含分子间键能或氢键数。显然,侧序度不同,大分子排列的紧密程度不同。高分子化合物的侧序度分布如图1-8所示。

图1-8中,最无序的非晶区用侧序$\overline{O}_1$表示,随着有序性连续增大,任意地将全部结构分为若干区域,其侧序度分别为$\overline{O}_1$、$\overline{O}_2$……$\overline{O}_n$,$\overline{O}_n$为最有序的结晶区。

通过该模型可以看出,在完全无定形区,分子链排列比较散乱,分子间堆砌比较松散,分子间作用力较小。由于分子间存在许多间隙和空洞,所以密度较小。在这些区域内,大分子链间既有结合点,也有缠结点。

图1-8 高分子化合物侧序度分布示意图

(三)取向态结构

高分子物中大分子链、链段或晶体结构沿外力方向做有序排列,这一过程称为取向。其有序排列的程度称为取向度。取向态和结晶态虽然都是分子的有序排列,但状态不同。取向态一般是一维或二维有序,而结晶态则是三维有序。

取向包括大分子取向、链段取向和结晶区取向,如图1-9所示。一般情况下,非晶态高分子物只发生大分子取向和链段取向;而晶态高分子物的情况较为复杂,它还会发生结晶区取向。但无论哪一种取向,在外力作用下,首先发生的是链段取向,然后才发生大分子取向。

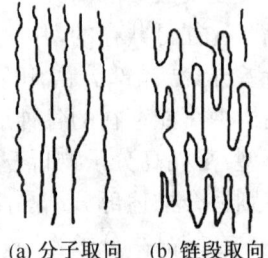

(a)分子取向　(b)链段取向

图1-9 取向示意图

高分子物进行取向时,外力和温度是必不可少的条件。在外力作用下,由于内旋转位垒及分子间引力发生破坏,使大分子或链段沿外力方向发生分子重排,达到取向目的。但是外力引发的取向并不是一个稳定的状态,在一般情况下,取消外力会发生"解取向"。要使取向达到相对稳定状态,温度是相当重要的条件。因为温度是引起分子热运动的重要因素,提高温度可以使大分子的热运动加剧,有利于克服分子间的阻力。在外力作用下,容易使大分子、链段等产生移动,从而完成取向。但由于分子热运动总是使分子趋于紊乱无序,即解取向过程,所以取向完成时,为了维持取向状态,在释放外力前必须先降低温度,以便将大分子和链段的运动"冻结"。

取向和无取向的同一种高分子物,在性质上有很大的差异,其物理机械性能、光学性能及其他性能都会发生一定的变化。要使纤维既有较高的强度,又有一定的弹性,必须使纤维大分子链取向,而链段解取向。

五、纤维的形态结构解读

纤维的形态结构是指显微镜和电子显微镜能观察辨认的具体结构,其尺寸随测试手段的发展不断变小。形态结构又分微观形态结构和宏观形态结构。微观形态结构是指电子显微镜观察到的结构,如微孔和裂缝等。宏观形态结构是指光学显微镜观察到的结构,如纤维外观和截面形态等。有的纤维表面呈鳞片状、竹节状,有的呈条纹状、沟槽状,还有的呈平滑状;有的纤维截面呈圆形,有的呈腰圆形、三角形,还有的呈中空形。形态结构因纤维而异,对纤维的力学性质、光泽、手感、吸湿性、保暖性等均有影响。

六、纤维的结构层次解读

从原子出发,大多数纤维的构成顺序为:原子构成基本链节,基本链节构成纤维大分子,经过多次演化又构成各级原纤,最后构成纤维。纤维大分子演化的各级原纤结构包括基原纤、微原纤、原纤和巨原纤。若干个大分子构成基原纤,基原纤呈结晶态结构。若干个基原纤构成微原纤,微原纤基本上呈结晶态结构。若干个微原纤构成原纤,若干个原纤又构成巨原纤,巨原纤构成纤维。纤维构成一般是这六个层次,但并非所有纤维包含六个层次。纤维结构疏松柔软,吸湿性就越好。

另外,纤维是高分子聚合物,由许许多多高分子聚集而成,因而其结构也可从两个方面加以考察:一是分子结构,主要研究单根分子链中原子或基团的几何排列,即高分子的链结构,又称一级结构。纤维大分子链结构包含一次结构(或称近程结构)和二次结构(或称远程结构)两个层次。二是分子之间结构,主要研究单位体积内分子链之间的几何排列,即纤维大分子的聚集态结构,或称超分子结构,又称二级结构。它包括三次结构和高次结构。

纤维的一次结构包含纤维大分子的组成和构型两个方面。其研究限于一个大分子内一个结构单元或几个单元间的化学结构或立体化学结构,所以又称近程结构(或化学结构)。纤维大分子的二次结构研究的是整个大分子的大小及其在空间的形态,即构象。纤维大分子的聚集态结构(或二级结构)是指具有一定构象的纤维大分子链,通过范德华力或氢键的作用,聚集成一定规则的纤维大分子聚集体,其结构形态有无规则线团结构、缨状原纤、折叠链晶体等具体模型。纤维大分子的聚集态结构体现的是材料整体的内部结构,也是决定其制品使用性能的主要因素。

任务三
纺织纤维的主要性能解读

一、纤维高分子物的热力学性质

(一) 纤维高分子物热运动特点

纺织纤维作为高分子物,其运动状态不同于低分子物。其分子热运动有以下几个主要特点:

(1) 运动单元具有多重性。高分子物具有长链结构,分子链具有柔性。在大分子中,不仅链段、支链、取代基可以运动,整个大分子也可以运动。因此,高分子物的运动单元具有多重性。

(2) 大分子热运动是一个松弛过程。由于大分子运动时,各运动单元之间有很大的阻力,在外力和温度作用下,高分子物通过热运动从一种平衡状态过渡到另一平衡状态不是瞬间完成的,而是需要一定的松弛时间。松弛时间的长短,反映了平衡状态转换的快慢。

(3) 大分子热运动对温度具有依赖性。温度对分子热运动有两种作用:首先使运动单元活化;其次,使分子体积膨胀。前者为运动单元提供运动所需能量,后者为分子运动提供自由体积。这两种作用都使运动单元自由迅速地运动,从而缩短了松弛时间。

(二) 纤维的热力学状态及转变

研究证明,非晶态的纤维高分子物随温度的变化,在外力作用下,呈现三种不同的形变状态:玻璃态、高弹态和黏流态,如图1-10所示。

图1-10中,T_g和T_f是纤维高分子化合物的两个特性温度。T_g称为玻璃化温度,指高分子物从玻璃态转变到高弹态的最低温度;T_f称为黏流温度,指高分子物从高弹态转变到黏流态的最低温度。

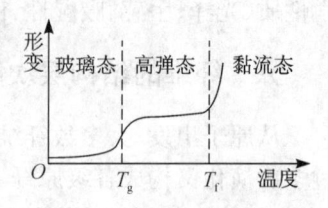

图1-10 非晶态高分子物的温度-形变曲线图

1. 玻璃态

当温度低于T_g时,大分子链段基本处于冻结状态,不能克服分子内旋转的位垒,此时纤维高分子物所表现出的力学性质与玻璃相似。当受到外力作用时,只能引起小运动单元的局部振动及键长、键角的变化,形变很小(0.01%~0.1%),且形变与所受外力成正比。纤维高分子物的这种状态称为玻璃态或普弹态,玻璃态时产生的形变称为普弹形变。

2. 高弹态

当温度高于T_g时,纤维分子热运动能量不断增加,虽然整个大分子还不能移动,但分子热运动的能量足以克服内旋转阻力,链段不仅可以转动,而且可以发生部分移动,大分子链间的相互作用力降低。在外力作用下,容易沿受力方向从卷曲状态转变成伸直状态,发生很大的形变(100%~1 000%);外力释放后,又可以回复原态。这种受力后会产生很大形变,去除外力又能回复原状的力学性质称为高弹态,高弹态时产生的形变称为高弹形变。这是纤维高分子物特有的力学性质。

但是,当温度低于T_g时,如果施加的外力过大,也可迫使纤维链段运动,发生较大的形变。但这种形变没有高弹态下的形变回复性,一般将这种形变称为强迫高弹形变。

3. 黏流态

当温度继续升高至超过T_f时,纤维分子的热运动能量超过了大分子链间的结合力,分子链间可以产生相对位移。受外力作用时,纤维高分子物会像液体一样发生黏性流动,产生很大的形变,外力释放后,形变也不能回复。此时纤维高分子物所处的力学状态称为黏流态,黏流态时产生的形变称为塑性形变。

必须说明的是,完全结晶的高分子物只有晶态和熔融态(液态),结晶熔化的温度称为熔点(T_m)。而纤维高分子物一般既包含结晶区,也包含无定形区,因此具有晶态高分子物和非晶态高分子物力学状态的综合反映。由于存在无定形区,因此存在玻璃态和高弹态,只是高弹态仅发生在无定形区,所以形变量较完全非晶态高分子物小。当温度继续上升达T_m时,结晶区熔融,但是否进入黏流态,则要视高分子物的相对分子质量大小而定。

(三) 纤维的热形变状态意义

纤维的三种形变状态(玻璃态、高弹态、黏流态)和两个转变温度,对纤维材料加工和应用有很高的实用价值。通常要求纤维有一定的强度、硬度、耐热性、尺寸稳定性等,这正是玻璃态高分子物所具有的性质。因此,T_g是纤维材料使用温度的上限,提高其T_g可以扩大使用范围,也就是提高纤维材料的耐热性。橡胶的正常使用状态是高弹态,降低T_g可以提高橡胶的耐寒性。由此可以看出,T_g是衡量高分子材料性能的重要指标。在一般情况下,T_g高于常温的高分子材料为塑料或纤维;T_g低于常温的是橡胶。高分子材料的加工成型往往在黏流态进行,因此成型温度一般选择 T_f 以上。而纤维制品的染整加工温度,一般高于玻璃化温度 T_g,而低于黏流态温度 T_f。

二、纤维的机械拉伸性能

(一)应力-应变曲线

纤维高分子物受外力拉伸时会发生形变,为免遭破坏,分子内部会产生抵抗力。这种抵抗力与外力大小相等,方向相反。通常将单位面积上产生的抵抗力称为应力(σ),在外力作用下高分子物相应的变形率称为应变。应力(σ)又称抗张强度,其单位是牛顿/米²(N/m^2),在纺织纤维中常用牛顿/特(N/tex)表示。应变(ε)以 $\Delta L/L_0$ 表示,ΔL 为材料被拉伸的长度,L_0 为材料的原长。

描述纤维拉伸性能时,一般采用应力-应变曲线。它是将高分子物在不断增加的外力作用下,开始发生形变直至断裂的过程绘成一条曲线,如图 1-12 所示。

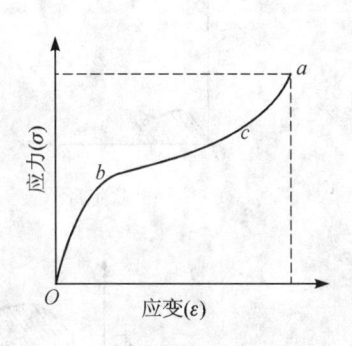

图 1-12 高分子化合物的应力-应变曲线

(二)应力-应变曲线解读

1. Ob 段

图 1-12 曲线中的开始阶段,应力与应变呈直线关系。在这个阶段施加外力,主要引起大分子链的微观键长、键角变化。纤维材料发生的形变很小,释放外力,形变回复。其形变大小与外力成正比,符合普弹形变。直线的斜率为弹性模量 E,也称杨氏模量。

$$E = \sigma_b/\varepsilon_b \tag{1-6}$$

初始模量的大小表征纤维材料的刚性强弱,表现在纤维制品的风格特点是手感的软硬度感觉,初始模量高,则纤维材料的刚性大、手感硬。

2. bc 段

当应力超过 b 点,形变随应力迅速增大,因此 b 点又称为屈服点。屈服点所对应的应力称为屈服应力,所对应的应变称为屈服应变。高分子物在 b 点前显示刚性,在 b 点后显示柔韧性。这一阶段,纤维大分子在外力作用下,分子间力受到破坏,纤维大分子链的空间结构开始改变,并使结晶区与非结晶区中的大分子逐渐产生错位滑移,形变比较显著。这种形变即便释放外力,也不能完全回复。这一阶段的形变越大,说明纤维的柔韧性越好。

3. ca 段

表示分子链取向度基本完成,这时错位滑移的大分子基本伸直平行,由于相邻大分子互相靠拢,使大分子间的横向结合力有所增加,并可能形成新的结合键。如继续拉伸,产生的变形主要是分子链间的结合键或链内化学键的变形,形变减小,这一阶段的模量再次升高。当拉伸到上述结合键断裂时,纤维便断裂。a 点为断裂点,a 点对应的应力称为断裂应力或极限强度。因此,σ_a 的值表现为纤维的断裂强度;对应的应变称为断裂应变或断裂延伸度。

4. 应力-应变曲线包含的面积

它代表断裂功,表示高分子材料被拉断时所需的外功,其大小在一定程度上反映出高分子材料的耐用性。

由于纤维材料分子结构和超分子结构各异,导致其拉伸性能不同,因此不同纤维材料的应力-应变曲线有很大的差异。图 1-13 所示是几种比较典型的高分子物的应力-应变曲线,其特征描述见表 1-3。

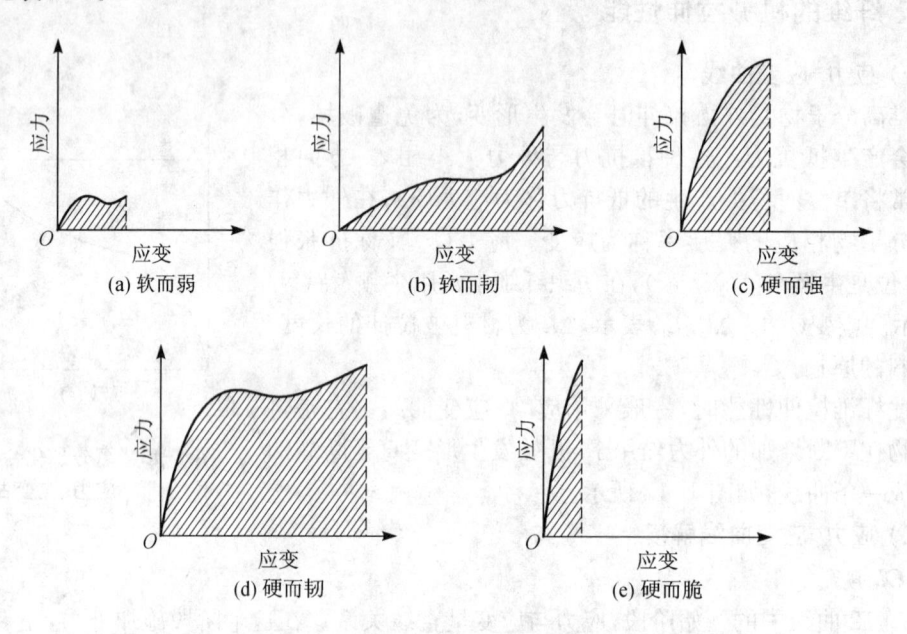

图 1-13　几种比较典型的高分子物的应力-应变曲线

表 1-3　不同类型的应力-应变曲线的特征

类型	特征			
	弹性模量	屈服应力	极限强度	断裂伸长
(a) 软而弱	低	低	低	中等
(b) 软而韧	低	低	中等	高
(c) 硬而强	高	高	高	中等
(d) 硬而韧	高	高	高	高
(e) 硬而脆	高	无	中等	低

(三) 纤维拉伸性能指标

在比较不同纤维的拉伸性能时,通常采用从纤维拉伸曲线上求取特性指标。常用的指标有强伸性、初始模量、屈服点和断裂功等。

1. 强伸性能指标

强伸性能是指纤维断裂时的强力或相对强度和伸长(率)或应变。

(1) 强力。又称绝对强力、断裂强力。它是指纤维能承受的最大拉伸外力,或单根纤维受外力拉伸到断裂时所需要的力,单位为牛(N)。纺织纤维的线密度较细,其强力单位通常用厘牛(cN),1 N=100 cN。强力与纤维的粗细有关,所以对不同粗细的纤维,强力没有可比性。

(2) 断裂强度(相对强度)。考虑纤维粗细不同,表示纤维抵抗外力破坏能力的指标,可用于比较不同粗细纤维的拉伸断裂性质,简称比强度或比应力。它是指每特(或每旦)纤维能承受的最大拉力,单位为 N/tex(或 N/den),常用 cN/dtex。

(3) 断裂应力 σ_a。为单位截面积上纤维能承受的最大拉力,单位为 N/m^2(即帕,Pa),常用 N/mm^2(即兆帕,MPa)。

(4) 断裂长度。以长度形式表示的相对强度指标,其物理意义是设想将纤维连续悬挂,直到其因自重而断裂时的长度,即纤维重力等于其断裂强力时的纤维长度,单位为千米(km)。

2. 初始模量

初始模量是指纤维拉伸曲线的起始部分直线段的应力与应变的比值,即曲线在起始段的斜率。

如果拉伸曲线上起始段的直线不明显,可取伸长率为 1% 左右的一点来求初始模量。但纤维拉伸前,必须处于伸直状态,即有初张力。

初始模量的大小表示纤维在小负荷作用下变形的难易程度,即纤维的刚性。纤维的初始模量大,其制品比较挺括;反之,初始模量小,制品比较柔软。

3. 屈服点与屈服伸长率

在纤维的拉伸曲线上,伸长变形突然变得较容易时的转折点,称为屈服点。对应屈服点处的应力和伸长率(或应变)就是屈服应力和屈服伸长率。

纤维在屈服以前产生的变形主要是纤维大分子链本身的键长、键角的伸长和分子链间次价键的剪切,所以基本上是可回复的急弹性变形;而屈服点以后产生的变形,其中有一部分是大分子链段间相互滑移而产生的不可回复的塑性变形。一般屈服点高,即屈服应力和屈服伸长率高的纤维,不易产生塑性变形,拉伸回弹性好,纤维制品的尺寸稳定性较好。

屈服平台区后,纤维拉伸曲线会再次上扬,通常称为强化区,其间转变点为强化点。

4. 断裂功指标

(1) 断裂功。是指拉伸纤维至断裂时外力所做的功,即伸长曲线所包含的面积,是纤维材料抵抗外力破坏所具有的能量。

(2) 断裂比功。又称拉伸断裂比功。它的定义是拉断单位体积纤维所做的功,单位为 N/mm^3,即折合成同样截面积、同样试样长度时的断裂功。

(四) 纤维的拉伸断裂机理

纺织纤维在整个拉伸变形过程中的具体情况是十分复杂的。纤维开始受力时,其变形主要是纤维大分子链本身的拉伸,即键长,键角的变形,拉伸曲线接近直线。随外力进一步增加,无定形区中的大分子链克服分子链间次价键力而进一步伸展和取向,这时一部分大分子链伸直,紧张的可能拉断,也有可能从不规则的结晶部分抽拔出来;次价键的断裂使非结晶区中的大分子逐渐产生错位滑移,当错位滑移的纤维大分子链基本伸直平行时,大分子间就靠近,分子链间可能形成新的次价键。这时继续拉伸纤维,产生的主要变形又是分子链的键长、键角的改变和次价键的破坏,直到纤维大分子主链和大多次价键断裂,致使纤维解体。

三、纤维的力学松弛现象

纤维高分子物的力学性质随时间而变化的现象称为力学松弛。利用力学松弛可以解释纤维材料的变形、形变回复等产生的原因,并对纤维的定形加工有理论指导意义。

力学松弛现象包括蠕变、应力松弛、滞后现象和内耗。

(一) 蠕变

蠕变是指在一定的温度和较小的恒定外力作用下,纤维高分子材料的形变随时间增加而增大的现象。例如：衣服在钉子上长时间悬挂，衣领明显因下坠变形；绷直固定的晾衣绳，随时间的延长而松弛。日常生活中还有许多这样的例子。这些都是蠕变现象。

高分子材料的蠕变过程是大分子链、链段运动的宏观表现。在外力作用下，随时间的延长，大分子链段不断运动，由卷曲变为伸直，表现出高分子材料的高弹形变。如果受力时间继续延长，分子链之间会产生相对滑移，形成部分塑性形变。释放外力后，蠕变过程中的形变回复只是高弹形变的回复。

纤维高分子材料的蠕变现象与温度高低和外力大小有关。通常，温度低，外力小，蠕变缓慢；反之，蠕变明显。

（二）应力松弛

在保持高分子材料形变一定的情况下，高分子物内部应力随时间的增加而逐渐衰弱的现象称为应力松弛。在日常生活中，经常可以见到这样的情况：用橡皮筋捆扎物体，开始捆扎得很紧，日久便逐渐变松，这就是应力松弛现象。

应力松弛产生的原因在于高分子材料受力时，由于分子链的伸展和相对位移来不及进行，因此应力很大。随着时间的推移，链段进行重排，分子链缓慢伸展，导致应力逐渐衰弱。当外力作用时间足以使分子链产生位移时，应力会逐渐消失。

应力松弛与蠕变一样，都反映了高分子物受外力作用后，分子链由一种平衡状态转变到另一种平衡状态的松弛过程。因此，应力松弛也与温度、时间有关，提高温度可以使松弛时间缩短。涤纶等合成纤维的热定形加工就是利用了高分子物的应力松弛性质。

（三）滞后现象

在很多情况下，高分子材料的受力并不是恒定的，而是周期性变化的。在不断变化的外力作用下，由于大分子的构象改变困难，使得形变不能及时跟上应力的变化速度，与理想弹性体相比，无论应力增加还是减少，形变总是滞后于应力的变化。高分子物这种形变总是落后于应力变化速度的现象，称为滞后现象。

（四）内耗

所谓内耗，是指高分子物在周期性变化的应力作用下，每一次循环都要消耗一部分能量的现象。因为高分子物在外力拉伸和放松回缩时，形变的变化要适应应力的变化，必须克服一定的阻力，从而导致内耗的产生。对高分子材料而言，内耗既有有利的一面，也有不利的一面。对减震、隔音等材料，要求内耗大一些。因为内耗大，吸收的能量多，效果好。而对橡胶、纤维等材料，内耗应小一些。例如橡胶轮胎在使用过程中会产生内耗，而内耗是以热的形式释放的，这会导致轮胎温度升高，加速橡胶的老化，从而降低其使用寿命。

四、纤维的弹性

纤维的弹性就是纤维从形变中回复原状的能力，它是纤维主要的物理机械性能之一。弹性高的纤维组成的织物外观比较挺括，不易起皱，如毛织物。另外，纤维的弹性对纺织品的耐穿、耐用性能也有重要的影响。

弹性的大小，可采用形变回复率和功回复率表示：

$$形变回复率 = \frac{弹性形变}{总形变}$$

$$功回复率 = \frac{回复时的回缩功}{形变时的总功}$$

完全回复时的形变回复率为1(或100%),完全不回复者为0,不完全回复者为0~1。

五、纤维的吸湿性

通常把纤维材料从气态环境中吸着水分的能力称为吸湿性。尽管有小尺度的液态水吸着,但不同于从液态水的吸附。水分子和微小水滴(1 μm)统称为水汽。水汽的吸附本质上是一个动态过程,即纤维一边不断地吸收水汽,同时又不断地向外放出水汽。以前者为主即为吸湿过程;以后者为主则为放湿过程。最终都会达到平衡,但存在差异。这一动态过程一般简称为吸湿。纤维的吸湿会影响其结构、形态和所有的物理性质。

(一) 纤维的吸湿与吸湿指标

从微观上看,吸湿是水汽在纤维表面停留或吸附,在纤维内运动、停留或吸附,在纤维分子的极性基团上被吸附的过程和终态结果。水分子在纤维孔隙或纤维表面或纤维间的大量凝聚,会形成液态水,称为毛细凝结水。所有这些统称为吸附水或吸着水。

1. 吸湿率与含水率

纤维材料中的水分含量,即吸附水的含量,通常用回潮率或含水率表达。前者是指纤维所含水分质量与干燥纤维质量的百分比;后者是指纤维所含水分质量与纤维实际质量的百分比。纺织行业一般用回潮率来表示纺织材料的吸湿性。

设G为纺织材料的湿重,G_0为纺织材料的干重,W为纺织材料的回潮率,M为纺织材料的含水率,则:

$$W = \frac{G - G_0}{G_0} \times 100\% \tag{1-7}$$

$$M = \frac{G - G_0}{G} \times 100\% \tag{1-8}$$

它们之间的相互转换关系是:

$$W = \frac{M}{1 - M} \quad 或 \quad M = \frac{W}{1 + W} \tag{1-9}$$

2. 标准状态下的回潮率

各种纤维及其制品的实际回潮率随环境温湿度而变化,湿度以大气环境中相对湿度φ表示。为比较各种纤维材料的吸湿能力,将其放在统一的标准大气条件下一定时间后,使它们的回潮率在吸湿过程中达到一个稳定值,这时的回潮率为标准状态下的回潮率。

3. 公定回潮率

公定回潮率是业内公认的回潮率。原来是为了贸易交换中的公允和成本核算,因为水分不是纤维。其原来的依据是常规条件下的正常带水量。该值与纤维的标准回潮率十分接近。公定回潮率一般以标准回潮率为准设立,但并不完全一致。

4. 平衡回潮率

平衡回潮率是指纤维材料在一定大气条件下,吸、放湿作用达到平衡稳定状态时的回潮率。它受作用时间的影响,有吸湿和放湿平衡回潮率之分:前者是指吸湿达到相对平衡状态时的回潮率;后者是指纤维放湿达到相对平衡状态时的回潮率。

(二）吸湿机理与理论

从20世纪20年代末以来，许多研究者从不同角度对纤维吸湿的机理，提出了许多不同的看法，并在分析纤维吸湿原因的基础上，提出了各种吸湿理论。所谓吸湿机理，是指水分与纤维的作用及其附着与脱离的过程。由于纤维种类繁多，吸湿又是复杂的物理、化学作用，因此已有的理论有其适用范围。

Peirce两相理论认为，纤维的吸湿包括直接吸收水分和间接吸收水分。直接吸收水分是由纤维分子的亲水性基团直接吸着的水分子，紧靠在纤维大分子上，使纤维大分子间的结合力变化，影响着纤维的物理性能。间接吸收水分则接续在已被吸着的水分子上，间接地靠在纤维大分子上，属液态水，也包括凝结于表面和孔隙的水。间接吸收水分对纤维的物理机械性质也有影响，尤其对纤维形态有影响，但由于水分子间的结合力较小，容易被蒸发。

（三）影响纤维吸湿的因素

影响纺织纤维吸湿的因素有内因和外因两个方面。内因包括纤维大分子中处于自由状态的亲水基因的多少和亲水性的强弱，纤维无序区的大小，纤维内孔隙的多少和大小，纤维的比表面积的大小，以及纤维伴生物的性质和含量等，是主导因素。外因主要涉及纤维周围的大气条件，包括温度、湿度、气压、风速等，以及放置时间的长短、起始吸湿放湿状态等，是不可忽视的控制调节因素。

六、纤维的化学性能

纺织纤维经纺织加工后形成的产品绝大多数不能直接使用，其制品一般要经过染整加工才能成为具有使用价值的纺织产品。而在染整加工中，纤维或坯布要经受许多化学试剂的作用，如经常接触水、化学品（如酸、碱、氧化剂、还原剂等）、染料和助剂等。所以，纺织纤维必须具备一定的耐水性、化学稳定性和可染性，以保证正常加工的需要。

（一）纤维与酸的作用

对于纺织纤维来说，它们对酸的耐受能力各不相同。棉纤维、麻纤维等纤维素纤维对酸的耐受力较弱，遇强酸（如硫酸、盐酸等）会很快发生分解，但是对弱酸（如醋酸）具有一定程度的抵抗力。而羊毛和蚕丝等蛋白质纤维则相反，对酸有相当大的抵抗力，但随着酸的种类、浓度和温度的不同而异，如浓硫酸或浓盐酸能溶解蚕丝变成黑色。而对于化学纤维来说，常温下对酸稳定，但不耐浓酸，一般有机溶剂对其也无影响。

（二）纤维与碱的作用

纺织纤维与碱的作用，恰好与其耐酸性相反。棉纤维、麻纤维等纤维素纤维的耐碱性好，其织品可使用强碱性洗涤剂洗涤。纯棉经碱液处理后，可使纤维表面产生强烈的光泽，同时强力增加，吸湿性和着色力提高，所得产品称为丝光棉。碱类对羊毛和蚕丝的腐蚀作用随着碱的种类、温度和时间不同而不同。强碱溶液（如烧碱）能使羊毛和蚕丝溶解；而用纯碱、肥皂等弱碱液洗涤毛织品时，要注意碱的浓度、温度和洗涤时间，如果浓度大、温度高和时间长，也能损伤纤维。对化学纤维，常温的稀碱溶液无太大影响；如果为浓碱或者温度较高，也会造成一定损伤。尤其是涤纶，涤纶的碱减量（涤纶仿真丝）加工就是使用烧碱对涤纶进行处理。

（三）纤维与氧化剂的作用

棉、麻等纤维素纤维受氧化剂的作用，能够很快地发生氧化，形成氧化纤维素，使纤维聚合度下降而损伤，因此在生产中使用双氧水、次氯酸钠、亚氯酸钠等氧化剂对棉、麻纤维织物进行处理时，必须严格控制工艺条件，以保证织物或纱线应有的强度。羊毛和蚕丝等蛋白质纤维对氧化剂较为敏感，因为氧化剂能够破坏纤维的肽键。含氯漂白剂对羊毛的作用最强烈，不适用于羊毛的漂白；过氧化氢的作用较为缓和，但是需要严格控制工艺条件，尤其是 pH 值。化学纤维其氧化剂具有良好的稳定性，染整加工中的氧化剂几乎无影响。需要注意的是，在混纺织物的加工中，应该依据对氧化剂耐受力较弱的纤维选择适当的漂白剂和化学试剂。

（四）纤维与还原剂的作用

棉、麻等纤维素纤维一般不受还原剂的影响。而对羊毛来说，还原剂能够破坏其中的二硫键，在碱性介质中破坏作用更加明显，如 Na_2S 处理后，羊毛的失重率很大，温度过高还可能发生溶解。亚硫酸氢钠对羊毛的作用较为缓和，在染整加工中具有一定的实用性；羊毛常用的漂白剂是连二亚硫酸钠（$Na_2S_2O_4$），但是也会造成一定程度的破坏。化学纤维对还原剂具有良好的稳定性，染整加工过程中的还原剂几乎无影响。

七、纤维的其他性能

（一）纤维的热学性质

纺织纤维在加工和使用过程中会遇到不同的温度，而且温度范围很广。服用织物的使用温度，冬天可低达零下数十摄氏度，夏天则高达 40 ℃ 以上。染整加工过程中，烘干、热定形等温度都很高。汽车高速行驶时，轮胎帘子线经常在 100 ℃ 以上的高温下受反复循环的负荷作用。缝纫线在高速缝纫时由于缝针针尖的摩擦所产生的温度可高达 300 ℃。工业中的绝热、保温、防燃纺织材料等，使用温度更具有特殊性。不同的温度会给纤维的内部结构及物理性质带来很大的影响。纺织纤维在不同温度下表现的性质称为热学性质。研究纺织纤维的热学性质，可以能动地利用它进行染整等加工，并可在了解纤维热学性质的基础上做到合理应用，防止损坏。

1. 纺织材料的导热与保温

纺织材料是多孔性物体，纤维内部和纤维之间有很多孔隙，孔隙内充满着空气，具有一定回潮率的纤维还含有相当数量的水分。因此，纺织材料的导热过程是一个比较复杂的过程。纺织材料的导热性指标是传热系数 $K[W/(m^2 \cdot ℃)]$ 和导热系数 $\lambda[W \cdot m/(m^2 \cdot ℃)]$，有时采用与导热性相反的热绝缘性或保温性指标：热阻 $R(m^3 \cdot ℃/W)$ 与热阻率 $\rho(m^2 \cdot ℃/W \cdot m)$。它们之间的关系是：

$$K = \frac{1}{R} = \frac{Q}{F \Delta t} \tag{1-10}$$

$$\lambda = \frac{1}{\rho} = \frac{Qb}{F \cdot \Delta t} \tag{1-11}$$

式中：b——纤维层的厚度（m）；

F——纤维层的面积（m^2）；

Δt——纤维层两表面之间的温差（℃）；

Q——通过纤维层热流的功率（W）。

纤维集合体中含有空隙和水分，一般测得的纺织材料的导热系数，是纤维、空气和水分这个混合体的导热系数。

静止的空气是最好的热绝缘体，因此，纺织材料的保温性主要取决于纤维中夹持的空气的数量和状态。在空气不流动的情况下，纤维层中夹持的空气（俗称死空气）越多，纤维层的绝热性越好；而一旦空气发生流动，纤维层的保温性就大大下降。

2. 纺织纤维的阻燃性与抗熔性

（1）纺织纤维的阻燃性。纺织纤维按其燃烧能力不同，可分为以下四种：

① 易燃的：燃烧迅速，如纤维素纤维、腈纶；

② 可燃的：燃烧缓慢，如羊毛、蚕丝、锦纶、涤纶和维纶等；

③ 难燃的：与火焰接触时燃烧，离开火焰自行熄灭，如氯纶；

④ 不燃的：与火焰接触也不燃烧，如石棉、玻璃纤维、碳纤维。

燃烧性好的纤维不仅会引起火灾，而且燃烧时会损伤人的皮肤。各种纤维所造成的危害程度，与纤维的点燃温度、火焰传播速率和范围，以及燃烧时产生的热量有关。随着城市生活现代化的发展，对纺织纤维阻燃性的要求越来越高。

表征纤维及其制品燃烧性能的指标来自以下两个方面：

① 可燃性指标：以纤维的点燃温度（℃）或纤维的发火点（℃）作为评价指标，见表1-4。显然，点燃温度或发火点越低，纤维越容易燃烧。天然纤维比合成纤维容易燃烧。而天然纤维中，蚕丝是较不易燃烧的，而且柞蚕丝优于桑蚕丝。

表1-4 常见纤维的燃烧性能指标

纤维种类	点燃温度（℃）	发火温度（℃）	极限氧指数
棉	400	160	0.18
羊毛	600	165	0.24
黏胶	420	165	0.19
生丝	—	185	—
精练丝	—	180	0.23
锦纶6	530	390	0.20
锦纶66	520	390	—
涤纶	450	390	0.22
腈纶	560	375	0.185
丙纶	570	—	—

② 耐燃性指标：以燃烧时材料质量减少程度或火焰维持时间长短或用极限氧指数表示。极限氧指数（LOI）是指材料经点燃后在氧—氮大气中持续燃烧所需的最低氧气浓度，一般用氧气占氧—氮混合气体的体积比（或百分比）表示。显然，LOI值越大，材料的耐燃性越好。空气中氧气所占的比例接近20%，因此从理论上讲只要$LOI>21\%$就有自灭作用；但考虑到空气对流等因素，要求$LOI>27\%$才能达到阻燃要求。

目前，改善和提高纺织材料阻燃性能有两条途径：一种是对制品做阻燃整理；另一种是制造阻燃纤维。阻燃纤维有两种类型：一种是对一般纤维做防火变性处理，即在纺丝流体中加入防火剂，再经纺丝制成的阻燃纤维，如黏纤、腈纶、涤纶的改性防火纤维；另一种是用专门的难燃聚合物纺制而成的阻燃纤维，如诺麦克斯（Nomex）、库诺尔（Kynol）和杜勒特（Dunette）。

（2）纺织纤维的抗熔性。纤维接触火星时抵抗破坏的性能称为抗熔性。抗熔性与纤维的熔点和分解点、熔融或分解所需热量、比热容和回潮率等因素有关。

热塑性合成纤维如涤纶、锦纶等,接触火星或其他热体时,当火星和热体的表面温度高于纤维的熔点时,接触部位就会因吸收热量而开始熔融,并随着熔体向四周收缩,在织物上形成熔孔。天然纤维和黏胶纤维等接触火星或其他热体时,当火星和热体的表面温度高于纤维的分解点时,接触部分就会因吸收热量而开始分解或燃烧,造成破坏。

天然纤维和黏胶纤维的抗熔性较好,而涤纶、锦纶等热塑性合成纤维的抗熔性较差。为改善热塑性纤维的抗熔性,可采取与天然纤维和黏胶纤维混纺,或者在制成织物后进行抗熔、防熔整理。

3. 纺织纤维的热塑性和热定形

将纺织材料加热到一定温度(对合成纤维来说,须在玻璃化温度以上),纤维内大分子间的结合力减弱,分子链段开始自由运动,纤维变形能力增大。这时,加以外力使它保持一定形状,就会使大分子间原来的结合点拆开,而在新的位置重建并达到新的平衡,冷却并除去外力后,这个形状就能保持下来;只要以后的加工或使用温度不超过这一处理温度,这个形状基本上不会发生变化。纤维的这一性质称为热塑性,这一处理过程称为热定形。热定形可在外力作用下进行,即紧张热定形;也可在无外力作用下进行,如化学短纤维纺丝后加工中的干燥定形,大多是无外力的热定形,即松弛热定形。

就热塑性纤维、非热塑性纤维和蚕丝纤维三者来说,达到热定形目的的途径是不相同的。

(1) 热塑性纤维的热定形。它是利用纤维的热塑性,必使定形温度高于玻璃化温度,使纤维进入高弹态以后,才能通过分子链段移动超越能垒,沿外力场方向取向,从而得到一个和外力场相对应的平衡结构,并可在新的位置通过分子之间建立新的结合,使原有的应力得到衰减,一经冷却,定形的效果即可获得。

(2) 非热塑性纤维的热定形。没有物态转移问题,而是通过一般的力学松弛过程来进行,加热不是形成应力衰减的主要因素,它的作用只在于促进这一过程的进行,热定形效果不及热塑性纤维。但是,羊毛结构中有横向的交联,如给以充分的定形条件,也能得到较好的定形效果。

(3) 蚕丝纤维的热定形。加热定形的作用表现在两个方面:一方面可以促进丝素的力学松弛过程,使变形残留应力消除;另一方面能使包覆于丝素外层的丝胶得到部分熔化,沿外力场的方向流动,得以调整其在丝素表面的包覆状况,并使潜藏于丝胶中的一部分应力得到消除。因此,一旦冷却,即可因丝胶在新位置固化而使丝素已获得的定形得到保持。但丝织物的最终产品是精练产品,因此丝胶因素对最终产品几乎没有作用。

影响热定形效果的主要因素是温度。温度太低,达不到热定形的目的;温度太高,会使纤维及其织物颜色变黄,手感变硬变糙,甚至熔融、分解。热定形需要足够的时间,使热量均匀扩散。当温度低时,定形时间需长些;当温度高时,定形时间可短些。另外,介质对热定形效果也有影响,应视介质对纤维的侵入情况而定。例如锦纶的吸湿能力较大,水分子可以侵入,有利于大分子结合点拆开和重建。饱和蒸汽定形就是一种非常有效的定形手段。

热定形时,纤维或织物经高温处理一段时间后,冷却要迅速,从而使分子间新的结合点很快冻结。否则,缓慢冷却,纤维大分子间的相互位置不能很快固定下来,纤维及其织物的变形会消失,纤维内部结构也会显著结晶化,使织物的弹性和手感都变差。

(二) 纤维的电学性质

在纤维的纺织加工和使用过程中都会遇到一些电学性质所引发的问题。例如:干燥的纺织纤维电阻很大,在工业和国防上常用作电气绝缘材料。然而,当纤维的电阻很大时,摩擦后易产生静电,会使纺织加工难以正常进行,严重影响产品质量,甚至会引起事故,必须采取适当措施。

1. 纺织纤维的介电常数

常用纺织纤维传导电流的能力仅为导体的 $10^{-10} \sim 10^{-14}$,故属电绝缘材料(电介质)。如将它置于电场中,它就会被电场极化,极化的程度可用介电常数 ε 表示。其计算公式如下:

$$\varepsilon = \frac{C_1}{C_0} = 1 + \frac{Q'}{Q_0} \tag{1-12}$$

式中:C_0——以真空为介质的电容量;

C_1——以纤维材料做介质的电容量;

Q_0——以真空为介质的平板电容器上聚集的电荷量;

Q'——由于纤维材料被极化而在两极板上产生的感应电荷。

影响纤维介电常数的因素有纤维内部结构因素(主要是相对分子质量、密度和极化率)和外界的影响因素(温度、回潮率、电场频率和纤维在平板电容器间的堆砌紧密程度)。

2. 纺织纤维的导电性能

纤维的电导性能的获得与传导途径,尚不十分清楚。现在已知许多纤维带有部分离子电流(纤维在形成过程中可能混入了各种杂质与添加剂,在直流电场的作用下离解成离子)、位移电流(纤维中的原子与极性基团上的电荷,在交变电场的作用下会发生移动)与吸收电流(可能是偶极子的极化、空间电荷效应和界面极化等作用的结果)。这些电能越多,纤维的电导性能越好。

电流在纤维中的传导途径主要取决于电流的载体。例如对吸湿好的纤维来说,由于有 H^+ 和 OH^- 能进入纤维内部,因此体积传导应是主要的;而对吸湿性差的合成纤维来说,由于纤维在后加工中的导电油剂主要分布在纤维表面,因此表面传导应是主要的。

(1) 纤维的比电阻。表示纤维导电能力的指标是比电阻。比电阻有表面比电阻、体积比电阻和质量比电阻之分。棉纤维的质量比电阻较小,羊毛比较高,合成纤维更高。质量比电阻高的纤维在纺织加工过程中容易产生静电现象,影响加工顺利进行,甚至无法进行。羊毛在纺纱过程中从和毛开始就要加油,合成纤维在制造时就要加油剂,主要就是为了降低它们的质量比电阻,防止静电现象的产生。

(2) 影响纺织纤维比电阻的因素。纺织纤维的比电阻与纤维内部结构有关。由非极性分子组成的纤维,如丙纶等,导电性能差,比电阻大。聚合度和结晶度高、取向度小的纤维,比电阻也大。此外,纺织纤维的比电阻还与下列因素有关:

① 吸湿:吸湿对纺织纤维比电阻的影响很大。干燥的纺织纤维的导电性能差,比电阻很大;吸湿后导电性能有所改善,比电阻下降。由吸湿引起的纺织纤维的比电阻的变化可达 10^{10} 倍。

② 温度:与大多数半导体材料一样,纺织纤维的电阻随温度升高而降低。为此,用电阻测湿仪测试纺织材料的含水率或回潮率时,需根据温度进行修正。

由于相对湿度和温度对纺织纤维的比电阻有影响,所以测试纺织材料比电阻须在标准温湿度条件下进行。

③ 纤维上附着物：棉纤维上的棉蜡、羊毛上的羊脂、蚕丝上的丝胶，这些天然纤维表面附着物的存在，都会降低纤维的比电阻，提高纤维的导电性能，使其可纺性良好。当除去这些表面附着物后，纤维的导电性能降低，比电阻增高。

在化学纤维，特别是吸湿性差、比电阻高的合成纤维上，加上适当的含抗静电剂的油剂，能大大降低纤维的比电阻，提高导电性能，改善可纺性和使用性能。加油剂后的纤维，比电阻的大小与所加油剂种类和上油量有关。

④ 其他因素：测试纺织材料比电阻时的电压、测定时间和所用电极材料等，对纺织材料的比电阻也有一定的影响。当电压大时，纺织材料的比电阻偏小，所以测试时要规定电压大小，不同电压下测试所得数据没有可比性。当测试时间长时，比电阻读数会增高，所以要迅速读得读数，一般要求在几秒钟内完成读数。当所用电极材料不同时，也会影响比电阻的读数，目前一般都采用不锈钢做电极材料。

（三）纤维的光学性质

纺织纤维在光的照射下所表现出来的性质称为光学性质，包括色泽（颜色和光泽）、双折射性和耐光性等。纤维的光学性质关系到纺织品的外观质量，也可用于纤维内部结构研究和质量检验。

1. 纺织纤维的色泽

色泽是指颜色和光泽。纤维的颜色取决于纤维对不同波长的色光的吸收和反射能力。纤维的光泽取决于光线在纤维表面的反射情况（反射光量的大小与反射光量的分布规律）。

（1）影响纤维颜色的因素。天然纤维的颜色，一方面取决于品种（即天然色素），另一方面也取决于生长过程中的外界因素。例如，细绒棉大多为乳白色，有些非洲长绒棉则为奶黄色。在棉花生长期中，如果光照不足，雨水太多，会使纤维发灰或呆白，霜期会使纤维发黄等。桑蚕丝的颜色有多种，其中白色茧最多，欧洲茧多为黄色，日本的青白种以绿色茧为代表。黏胶纤维应该是乳白色的，但因为原料和后处理原因，可使纤维颜色不同。

（2）影响纤维光泽的因素。对既定的纤维来说，影响比较大的主要是其形态结构（如纵表面形态、截面形态、层状结构等）。

① 纤维纵面形态对光泽的影响：主要看纤维沿纵向表面的凹凸情况和粗细均匀程度。如果沿纵向表面平滑，粗细均匀，则漫反射少，表现出较强的光泽。如化学纤维，特别是没有卷曲的长丝，光泽较强，这是原因之一。丝光处理后棉纤维光泽变强的原因之一，是膨胀使天然扭曲消失，纵向表面变得较为平滑。

② 纤维截面形状对光泽的影响：纤维截面形状多种多样，现以圆形为典型来说明它们的光泽特点，其他截面形状可看作圆形和与其他形状的组合。圆形截面时，从正反射光来说，属漫反射，光泽应该柔和；但在纤维内部，任一境界面的入射角均与光线进入纤维后的折射角相同，不论在什么情况下，都不能在纤维内部形成全反射，其透光能力较强，即使是平行光射入，透射光也不再是平行光，而是相互汇聚，有集中的趋势，光程轨迹重叠可能性大，而内部反射光不能在正反射光的周围形成光泽过渡比较均匀的散射层。因此，圆形截面纤维的总反射光不一定最强，但观感明亮，容易形成极光的感觉。

③ 纤维层状结构对光泽的影响：当纤维内部存在可供光线反射的平面层次时，光线照射其表面，不仅一部分光线可以从纤维表面（即一次镜界面）反射出来，称为正反射光；而且还有一部分折射入纤维的第一层，在二次镜面反射和折射；依此类推。所有从纤维内部各层次产生的反

射光,有一部分仍然会回到纤维的表面,射向外界,如图1-14所示。

2. 纤维的耐光性

纺织纤维在日光照射下,会发生不同程度的裂解,使大分子聚合度下降,纤维的断裂强度、断裂伸长率和耐用性降低,并造成变色等外观变化。裂解程度与日光的照射强度、照射时间、波长,以及纤维结构等因素有关。当照射强度强、时间长时,裂解程度大,纤维强度损失大。波长短的紫外线能量高,特别是在有氧存在的情况下,能促使纤维氧化裂解,对纤维损伤大。

图1-14 层状结构纤维的光泽

就常用纤维来说,腈纶的耐日光性最好,所以适宜于制织篷帐等户外用织物;羊毛、麻的耐日光性颇为优良;涤纶和棉的耐日光性较好;锦纶的耐日光性较差,蚕丝也差;丙纶的耐日光性差,在制造时加入镍盐等光稳定剂可以改善;黏胶纤维和维纶的耐日光性也较好。

任务四 纺织纤维结构与性能的一般关系

纤维的结构决定纤维的性能,而纤维的性能是纤维结构的反映,两者是密切相关的。这部分内容将借助于纤维的结构,阐述其与染整加工密切相关的主要物理机械性能与化学性能。

纺织品的使用与染整加工性能主要包括物理机械性能(如强伸性、耐磨性、耐热性及吸湿性等)和化学性能(如耐酸、耐碱、耐氧化剂及有机溶剂等性能)。一般来说,纤维的物理机械性能主要指在没有发生化学变化的前提下,因为溶剂、热量、外力等因素造成纤维性质发生的变化,这些变化与纤维的使用与加工密切相关。

一、纤维的结构与吸湿性能

这里主要指纤维自身结构(内因)与纤维的吸湿性能之间存在密切关系,也可以说纤维的结构特点决定着纤维的吸湿能力,主要表现在以下几个方面:

(一)纤维的构型结构

水是一种极性溶剂。纤维要吸湿,其分子结构中必须有与水存在吸附性的相关基团或原子,即亲水性基团,也可称为吸湿基。吸湿基团主要指一些极性基团和一些电负性较大的原子,如—OH、—COOH、—NH—、—O—、—COH、—SH、—S—等。吸湿基团的存在是纤维吸湿的基础。

纤维素纤维中含有大量的—OH、—COOH、—O—,因此具有吸湿的基础;而丙纶(聚丙烯纤维)中不含任何吸湿基团,其吸湿率为0。

亲水基团的多少和亲水基团的强弱均能影响纤维的吸湿能力。羟基(—OH)、酰氨基(—CONH—)、氨基(—NH—)和羧基(—COOH)等较强的亲水基团,它们与水分子的亲和力较大,能与水分子形成结合水。这类基团越多,纤维的吸湿能力越高。纤维素纤维,如麻、棉、黏胶纤维、铜氨纤维等,大分子中的葡萄糖基含有三个—OH,吸湿性较大;醋酯纤维中大部分羟基被乙酰基取代,而乙酰基对水的吸附能力不强,因此吸湿性较差。

(二)纤维的聚集态结构

吸湿现象只发生在纤维的非晶区和结晶区的边缘部分,结晶区是不能吸湿的。因此,纤维结晶程度的高低必然决定着纤维吸湿程度的高低。例如棉和黏胶纤维虽然都是纤维素纤维，但是两者在相同的环境中的吸湿率不同。黏胶纤维的吸湿率比棉纤维大得多，在5%~80%的相对湿度条件下，吸湿率之比约为2∶1，见表1-5。

表1-5 黏胶纤维与棉纤维的吸湿比

相对湿度(%)	5	20	40	60	80
吸湿比(黏胶∶棉)	1.99∶1	2.13∶1	2.08∶1	2.03∶1	1.98∶1

这两种纤维的吸湿率不同，主要是由纤维的聚集态结构不同引起的。吸湿比恰好接近于这两种纤维无定形部分的含量之比，而且纤维吸湿时的X射线衍射图像不发生变化，因此可以认为吸湿主要发生在纤维的无定形区和晶区的表面。棉的结晶度为70%，而黏胶纤维为30%，所以黏胶纤维的吸湿性比棉纤维高得多。显然，纤维的结晶度越高，吸湿性越差。

除此之外，纤维的吸湿性还与纤维的比表面积有关。单位质量的纤维所具有的表面积，称为比表面积。此值越大，表面性能越高，表面吸附能力越强，纤维表面吸附的水分子越多，表现为吸湿性越好。细纤维较粗纤维的吸湿率大。

纤维的空隙越多，水分子越容易进入，毛细管凝结水增加，纤维吸湿性越强。黏胶纤维的结构比棉疏松，它的吸湿性高于棉。合成纤维的结构一般比较紧密；而天然纤维的结构中有微隙，天然纤维的吸湿率远大于合成纤维。

纤维中存在的各种伴生物和杂质也会影响纤维的吸湿率。

二、纤维的结构与力学性能

纤维在受到外力作用时，会发生相应变化，变化的情况主要取决于其结构情况。

（一）纤维的结构与变形程度的关系

纤维大分子的构型比较简单，线性特征比较突出时，其聚集态结构中易形成较多的结晶区，分子之间结合紧密而牢固，不易发生变形。因此，结晶度高的纤维，初始模量和强度高，受力后变形量低，断裂伸长率小，表现为硬度高、韧性差、不易变形；反之，结晶度低时，纤维初始模量和强度低，受力后变形量高，断裂伸长率大，纤维表现为比较柔软、韧性好，但强度较低。

同样为纤维素纤维的麻、棉、黏胶三种纤维的结晶度分别为90%、70%、30%，它们的三大力学指标的比较关系如下：

在相同的力的作用下，麻的伸长率＜棉的伸长率＜黏胶的伸长率；在相同外界条件下，麻的初始模量＞棉的初始模量＞黏胶的初始模量。

（二）纤维的结构与断裂强度的关系

一般来说，纤维在外力作用下发生断裂，是外力破坏了分子内的共价键或分子间力的结果。无论是哪一种形式的破坏，都与纤维内部大分子链的长度、分子的取向度、分子之间的聚集状态有关。

大分子链越长，共价键和分子间力越大，其强度越高；大分子取向度越高，分子间力越大，纤维的强度也越高；纤维内大分子排列越整齐，结晶度越高，纤维的强度越高。同时应注意的是，结晶是一种复杂的状态，结晶区内部也存在缺口和弱点，称为结晶缺陷。结晶缺陷是纤维受力时容易导致应力集中破坏的薄弱点，当薄弱点首先断裂，缺口会逐渐扩大，进而应力集中、分子断裂，导致纤维断裂。因此，结晶度的高低和结晶完好程度的高低同时影响着纤维的断裂强度。

三、纤维的结构与化学性能

纺织纤维必须具备一定的耐水性、化学稳定性和可染性,以保证正常加工的需要。化学稳定性是指纤维对酸、碱、有机溶剂等化学物质所具有的抵抗能力。一般纤维的化学性能主要体现在以下几个方面:

(一) 化学反应的类型

纤维分子链中的侧基、主链中具有一些能与化学试剂作用的官能团,如—OH、—COOH、—NH—、—O—、—COH、—SH 等。它们可能在酸、碱、氧化剂、还原剂的作用下,产生一定的化学反应,从而改变纤维的一些性能,也可能与某些染料或助剂产生作用,达到染整加工的目的。这些反应性基团的种类越丰富、数量越多,影响越大。

化学反应可根据其对纤维作用的结果分为两大类:降解性反应和非降解性反应。

1. 降解性反应

降解性反应主要指导致纤维大分子断裂,使形成纤维的基础遭到破坏的反应,属破坏性反应,在使用和加工过程中一般不希望发生。例如:纤维素纤维与酸反应,导致其分子中的苷键水解断裂,使纤维素大分子聚合度降低,纤维受到损伤。因此,在实际生产中,了解酸与纤维素的作用原理及其影响因素,严格控制条件,以减少对纤维素的损伤,是十分必要的。

降解性反应大多数是由于分子主链与相应化合物反应而产生的,也有一些是由于分子链中的侧基与某些化合物反应,导致主链反应而断裂的。例如:蛋白质纤维在含氯氧化剂的作用下,即可由侧基的氯化导致主链氧化,引起分子链断裂。

2. 非降解性反应

非降解性反应多由纤维中大分子的侧基与化合物的反应而形成。这类反应只发生在分子的侧基,不会导致分子主链断裂,对纤维没有破坏性,是染整加工中常常采用的。例如纤维素分子结构中葡萄糖剩基上的三个自由羟基有关的化学反应,如纤维对染料的吸附、氧化、酯化、醚化等。

(二) 化学反应的程度

这主要与纤维中反应性基团的数量和纤维的聚集态结构有关系,在反应基团相对确定的情况下,反应程度主要取决于结晶度的高低,因为化学反应只在非晶区和结晶区的边缘进行。结晶度高的纤维,反应程度低。同时,由于纤维的形态结构和聚集态结构不均一,特别是纤维内部存在着结晶、非晶、取向等不同的聚集形式,在保持纤维状态进行化学反应时,具有反应不均一的特征。染整加工中所进行的化学反应多属此类。

【技能训练】

随着化学纤维的发展,各种纤维原料及其制成的纯纺或混纺织物日益增多。不同的纤维制品,不仅物理化学性能不同,染整加工方法和工艺条件也不相同。因此,分析、了解被加工纤维及其制品的组成,有助于染整工作者合理制订工艺,从而确保产品质量。

纺织材料成分是根据各种纺织纤维的特性在不同条件下所表现出来的本质差异而区分鉴别的。纤维鉴别的方法很多,常用的有燃烧法、化学溶解法、显微镜观察法和药品着色法等。

本技能训练的主要目的是使学生了解各类纤维的燃烧特性、溶解性能、形态特征及着色性能,掌握纺织材料成分分析的常用方法,并能综合运用各种方法,较准确、迅速地鉴别出未知纤维及其制品的成分。

一、燃烧法鉴别常见纤维训练

1. 训练器材准备
(1) 仪器设备:镊子、剪刀、酒精灯等。
(2) 试验材料:天然、再生、合成纤维若干。

2. 基本原理
各种纤维材料的化学组成不同,其燃烧特征不同。根据纤维在火焰中燃烧时的现象、气味,以及燃烧后残留物状态,来分辨纤维类别。

3. 实验方案
取纤维素纤维(棉、麻、黏胶纤维等)、蛋白质纤维(羊毛、蚕丝等)、合成纤维(涤纶、锦纶、腈纶等)若干份作为未知纤维,标上编号,逐一燃烧,观察特征。依据各种纤维的燃烧性能,推断纤维所属类别。

4. 任务完成步骤
(1) 将酒精灯点燃,取 10 mg 左右的纤维,用手捻成细束。试样若为纱线,则剪成一小段;若为织物,则分别抽取经纬纱数根。
(2) 用镊子夹住试样一端,将另一端徐徐靠近火焰,观察试样对热的反映情况(是否发生熔融收缩)。
(3) 将试样移入火焰中,稍停留即移开,观察试样在火焰中和离开火焰后的燃烧现象,嗅闻火焰刚熄灭时的气味。
(4) 待试样冷却后,观察灰烬颜色、软硬、松脆和形状。

逐一观察各种纤维的燃烧现象,并记录,对照表1-6初步判断纤维的类别。

表 1-6　几种纤维的燃烧现象

纤维名称	近火	触火	离火	熄火(灰烬)
棉	不收缩	易燃、黄火、烟少、烧纸味	续燃	灰白、轻飘、量少
麻	同上	同上	同上	少、草灰状
黏胶	同上	同上	同上	少、浅灰色或灰白色粉末
毛	略收缩	燃慢发泡、黄火、烟青白而少、烧毛发味	不易续燃	黑松脆块状物
蚕丝	同上	同上	同上	同上
涤纶	收缩	易燃、红火、浓黑烟、芳香味	续燃易熄	黑褐色硬球块
锦纶	收缩	缓慢燃烧、红火蓝边、烟少、氨味	不续燃	黄褐色硬块
腈纶	收缩	易燃、红火闪光点、黑烟、臭味	续燃	黑、脆空心球
丙纶	收缩	易燃、边烧边融落、火焰明亮、黄色、浓黑烟、塑料味	续燃	硬、光亮蜡状物

5. 注意事项
(1) 某些经过特殊整理的织物,如防火、抗菌、阻燃等,不宜采用此种方法。
(2) 该方法较适宜于纺织纤维、纯纺纱线、纯纺织物或纯纺纱交织物的原料鉴别。
(3) 用嗅觉闻试样燃烧时的气味时,应注意勿使鼻子太凑近试样。正确的方法应该是:一手拿着刚离开火焰的试样,将试样轻轻吹熄,待冒出一股烟时,用另一只手将试样附近的气体扇向鼻子。

(4) 具体内容可参见 FZ/T 01057—2007《纺织纤维鉴别试验方法 燃烧试验方法》。

6. 任务结果与报告

试样编号	燃烧现象	气味	灰烬颜色和形态	结论
1				
2				
3				
…				

二、显微镜法鉴别常见纤维训练

1. 训练器材准备

(1) 仪器准备:哈氏切片器、刀片、剪刀、镊子、载玻片、盖玻片、生物显微镜。

(2) 试剂:无水乙醇、甘油、乙醚、火棉胶、液体石蜡。

(3) 试验材料:棉、麻、羊毛、蚕丝、涤纶、锦纶、腈纶纤维。

2. 基本原理

用显微镜观察未知纤维的纵向截面和横向截面形态,对照纤维的标准照片和形态描述,鉴别来样的纤维类别。

3. 任务完成步骤

(1) 观察纤维纵面取试样一小束,手扯整理平直,用右手拇指和食指夹取 20~30 根纤维,将夹取端的纤维放在载玻片上,用左手覆上盖玻片,并抽去多余的纤维,使附在载玻片上的纤维平直;然后在盖玻片的两对顶角处各滴一滴蒸馏水,使盖玻片黏着,并增加视野的清晰度。将载玻片放在载物台上,在放大倍数 100~500 倍的条件下观察纤维形态,与标准照片或标准资料对比。

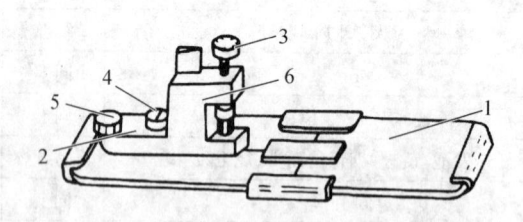

图 1-15 Y172 型纤维切片器
1—金属板(凸槽) 2—金属板(凹槽) 3—精密螺丝
4—螺丝 5—销子 6—螺座

(2) 观察纤维横截面:使用哈氏切片器制作切片(图 1-15)。具体步骤如下:

① 取哈氏切片器,旋松定位螺丝,并取下定位销,将螺座转到与右底板成垂直的定位(或取下),将左底板从右底板上抽出。

② 取一束试样纤维,用手扯法整理平直,把一定量的纤维放入左底板的凹槽中,将右底板插入,压紧纤维,放入的纤维数量以轻拉纤维束时稍有移动为宜。

③ 用锋利的切片切去露在底板正、反两面外边的纤维。

④ 转动螺座恢复到原来位置,用定位销加以固定,然后旋紧定位螺丝。此时,精密螺丝下端的推杆应对着放入凹槽中的纤维束的上方。

⑤ 旋转精密螺丝,使纤维束稍稍伸出金属底板表面,然后在露出的纤维束上涂上一层薄薄的火棉胶。

⑥ 待火棉胶凝固后,用锋利刀片沿金属底板表面切下第一片切片。切片时,刀片应尽可能平靠金属底板(即刀片和金属底板间的夹角要小),并保持两者夹角不变。由于第一片切片的厚度无法控制,一般舍去不用。从第二片开始作为正式试样切片,切片厚度可由精密螺丝控制(大概旋转精密螺丝刻度上的1格左右)。用精密螺丝推出试样,涂上火棉胶,进行切片,选择好的切片作为正式试样。

⑦ 把切片放在滴有甘油的载玻片上,盖上盖玻片,在载玻片左角贴上试样名称标记,然后放在显微镜下观察。

(3) 根据观察的截面形状,与标准形态描述或图片对照,得出分析结论。

4. 注意事项

(1) 制作切片时,羊毛切取较为方便,细的其他纤维切取较为困难,因此,可将其他纤维包在羊毛纤维内进行切片,这样容易得到质量好的切片。

(2) 制作切片时,原则上纤维厚度应小于或等于纤维横向尺寸(纤维直径或宽度),以免纤维倒伏,在显微镜下观察到的是一小段一小段的纤维纵向形态。

(3) 常见纤维的纵向、横向显微镜观察形态描述参考表1-7。

(4) 常见纤维的纵向、横向截面形状标准清晰照片,可查阅相关资料。(纤维材料分析场所一般具备)

表1-7 常见纤维的纵向、横向截面形态特征

纤维名称	横截面形态特征	纵向形态特征
棉纤维	腰圆形,有中腰	扁平带状,有天然转曲
麻纤维(苎麻、亚麻、黄麻)	腰圆形或多角形,有中腔	有横节,竖纹
羊毛	圆或近似圆形(如大小不一的鹅卵石),有些有毛髓	有鳞片,毛根尖由粗到细
兔毛	哑铃形,有毛髓	有鳞片
蚕丝	不规则三角形	光滑平直,有条纹
普通黏胶纤维	锯齿形,皮芯结构	有沟槽
富强黏胶纤维	较少齿形,或圆形、椭圆形	表面平滑
醋酯纤维	三叶形或不规则锯齿形	有条纹
涤纶	圆形或异形	表面平滑
锦纶	圆形或异形	表面平滑
腈纶	圆形、哑铃形或叶状	表面平滑或有条纹
氨纶	不规则形状,有圆形、土豆形	表面暗深,呈不清晰骨形条纹
丙纶	圆形或异形	表面平滑
维纶	腰圆形,皮芯结构	有1~2根沟槽
氯纶	接近圆形	表面平滑

5. 任务结果与报告

试样编号	纵向形态描述	截面形态描述	结论
1			
2			
3			
…			

三、化学法鉴别常见纤维训练

1. 训练器材准备

(1) 仪器准备：试管、试管架、试管夹、温度计、恒温水浴锅、玻璃棒、电炉等。
(2) 染化药品：氢氧化钠、硫酸、盐酸、甲酸、间甲酚、二甲基甲酰胺，均为分析纯。
(3) 试验材料：各种纺织纤维、纱线或织物若干。
(4) 溶液制备：5%氢氧化钠、75%硫酸、20%盐酸、85%甲酸。

2. 基本原理

各类纤维材料对酸、碱、有机溶剂等化学试剂的稳定性不同，利用各种化学试剂在不同温度下对纤维的溶解特性来鉴别纤维的类别。

3. 实验方案

取纤维素纤维（棉、麻、黏胶纤维等）、蛋白质纤维（羊毛、蚕丝等）、合成纤维（涤纶、锦纶、腈纶等）若干份作为未知纤维，标上编号，逐一注入同一种溶剂，观察纤维在溶剂中的溶解情况。依据各种纤维的溶解性能，推断纤维所属的类别。

4. 任务完成步骤

(1) 将待测纤维（若试样为纱线则剪取一小段纱线，若为织物则抽出织物经纬纱少许）分别置于试管内。
(2) 在各试管内分别注入某种溶剂，在常温下或沸煮 5 min 加以搅拌处理，观察溶剂对试样的溶解现象，逐一记录观察结果。
(3) 依次调换其他溶剂，观察溶解现象，记录结果。
(4) 参照表 1-8 常用纤维的溶解性能，确定纤维的种类。

表 1-8 常用纤维的溶解性能

纤维类别	20%盐酸	75%硫酸	5%氢氧化钠(煮沸)	85%甲酸	二甲基甲酰胺	间甲酚
棉	I	S	I	I	I	I
麻	I	S	I	I	I	I
黏胶	I	S	I	I	I	I
毛	I	I	S	I	I	I
蚕丝	I	S	S	I	I	I
涤纶	I	I	I	I	I	S(加热)
锦纶	S	S	I	S	I	S(加热)
腈纶	I	P	I	I	S	S(加热)
丙纶	I	I	I	I	I	I

注：S——溶解；I——不溶解；P——部分溶解。

5. 注意事项

(1) 由于溶剂的浓度和温度不同,对纤维的可溶性表现不一,所以应严格控制溶剂的浓度和温度。

(2) 整理用剂对溶解法的干扰很大,因此,如果处理的是织物,测试前必须经预处理,将织物上的整理剂去除。

(3) 溶剂对纤维的作用可以分为溶解、部分溶解和不溶解等几种,而且溶解的速度也不同,所以在观察纤维溶解与否时,要有良好的照明,以避免观察误差。

6. 任务结果分析

自行设计表格,记录实验现象,写出结论,并对结果和任务执行过程进行分析自评。

*四、涤棉混纺制品定量分析训练

通过试验,掌握混纺产品中纤维含量的分析方法,并掌握混纺比的计算方法。

1. 训练器材准备

(1) 实验仪器:烘箱、分析天平、萃取器(接受瓶为 250 mL)、恒温水浴锅、真空泵、干燥器、带玻璃塞三角烧瓶、玻璃滤器、称量瓶、温度计、烧杯等。

(2) 化学试剂:石油醚、硫酸、稀氨溶液等。

(3) 试样材料:涤/棉混纺纱数种。

2. 基本原理

纤维素纤维耐碱不耐酸,涤纶纤维具有较高的耐化学药剂稳定性,利用纤维素纤维与涤纶纤维耐酸稳定性的不同,选择一定浓度的酸溶解纤维素纤维,而保留涤纶纤维,然后通过适当的后处理,计算得到两组分的含量。

3. 任务完成步骤

(1) 从各个纱管上绕取 5g 左右试样,用石油醚和水萃取,以去除非纤维物质。将试样放在萃取器中,用石油醚萃取 1 h,每小时最少循环 6 次,待试样中的石油醚挥发后,将试样浸入冷水,再用 65 ℃的温水浸泡,其间不断搅拌,然后挤干水分,抽吸后晾干。

(2) 将预处理过的试样,每份至少取 1 g,剪成 3 mm 左右,放入已知质量的称量瓶内,连同瓶盖放入烘箱内烘至恒重。烘箱温度为 105 ℃,一般需烘 4 h 左右,烘干后迅速移至干燥器内,冷却 30 min 后称重。

(3) 将试样放入有塞三角瓶中,每克试样加入 100 mL 75%硫酸,用力搅拌,使试样充分浸湿。然后将三角烧瓶放在 50 ℃的恒温水浴锅内,每隔 10 min 摇动一次,加速溶解。60 min 后棉纤维充分溶解。

(4) 取出三角烧瓶,将全部剩余纤维倒入已知质量的玻璃滤器内过滤,并抽干,用同温度、同浓度的硫酸洗三次,同时用玻璃棒搅拌,再用同温度水洗涤四五次,最后用稀氨溶液中和两次,然后用水洗至检查呈中性为止。每次洗后需用真空抽吸排液。

(5) 将不溶纤维连同玻璃滤器放入烘箱内烘至恒重,取出后放入干燥器,冷却后称重,即得到涤纶纤维干重。

4. 任务结果分析

(1) 混纺产品的不同纤维含量,规定以纤维干燥质量的百分率表示。混纺百分率的计算式见式(1-13)及式(1-15)。

$$N = \frac{G_b}{G_a} \times K \times 100\% \tag{1-13}$$

式中：G_a——试样总干重；

G_b——试样中残留纤维干重；

K——修正系数，经试剂处理后不溶纤维质量变化修正系数，涤纶为 1.00。

K 值的计算方法为：

$$K = \frac{G_1}{G_2} \tag{1-14}$$

式中：G_1——已知处理前不溶解纤维的干重（用已知质量的同种纤维试验）；

G_2——处理后不溶解纤维的干重。

（2）当不考虑含油脂量时，混纺产品中残留的纤维含量 N 按式(1-13)计算，被溶解的纤维含量 $M = 1 - N$。

（3）考虑含油脂量时，混纺产品中残留的纤维含量 N 按式(1-15)计算，被溶解的纤维含量 $M = 1 - N$。

$$N = \frac{G_b}{(G_a' + G_0)} \times K \times 100\% \tag{1-15}$$

式中：G_a'——提净油脂后试样总干重；

G_0——油脂干重。

（4）自行设计表格，记录实验数据，并对结果和任务执行过程进行分析自评。

*五、棉纤维制品机械性能测试训练

掌握国家标准规定的织物拉伸断裂强力和断裂伸长率的试验方法，了解影响试验结果的各种因素，学会织物强力测试仪的规范操作。

1. 训练器材准备

试验仪器为 CRE 型电子织物强力试验仪。试样为织物一种，并需准备直尺、挑针、剪刀等用具。

2. 测试原理及方法

（1）测试原理：将规定尺寸的试样，以等速伸长方式拉伸至断裂，测其承受的最大力即为断裂强力，同时产生的长度增量就是断裂伸长。必要时，还可绘制织物强力—伸长曲线，算出多种拉伸指标。

（2）条样试样准备及夹持方法：

① 织物条样准备方法。扯边纱条样法：试验结果不匀率较小，用布节约。抓样条样法：准备容易、快速，试验状态比较接近实际情况，但所得强力、伸长值略高。剪切条样法：一般用于不易抽边纱的织物，如缩绒织物、毡品、非织造布和涂层织物等。我国国家标准规定采用扯边纱条样法。

② 条样的夹持方法如图 1-18 所示。

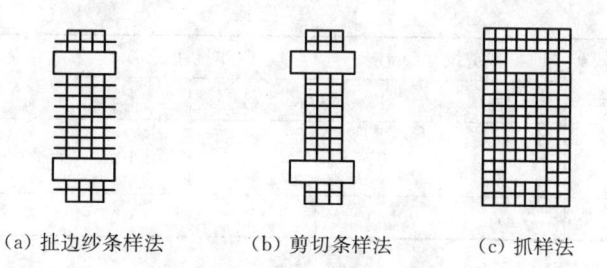

(a) 扯边纱条样法　　(b) 剪切条样法　　(c) 抓样法

图 1-18　织物拉伸断裂试验的试条形状和夹持方法

③ 织物的拉伸断裂试验参数见表 1-9。

表 1-9　织物的拉伸断裂试验参数

试样类型	试样尺寸(mm)	夹持长度(mm)	织物断裂伸长(mm)	拉伸速度(mm/min)
条样试样	50×250 50×250 50×150	200 200 100	<8 8~75 >75	20 100 100

(3) 预加张力实验参数选择见表 1-10。

表 1-10　织物拉伸断裂试验的预加张力选择

试样面密度(g/m²)		预加张力(N)
一般织物	非织造布	
<200	<150	2
200~500	150~500	5
>500	>500	10

① 按试样的面密度决定。
② 当断裂强力低于 20 N 时,按断裂强力的 $(1\pm0.25)\%$ 确定预加张力。
③ 抓样法的预加张力,采用织物试样的自重即可。
④ 当试样在预加张力作用下产生的伸长大于 2% 时,应采用无张力夹持法(即松式夹持)。这对伸长变形较大的针织物和弹力织物更适合。

试样的调湿、测试的标准大气条件为三级标准大气条件。

3. 任务完成步骤

(1) 准备试样:根据织物品种,选择试条形状,按规定的试样尺寸裁剪试样,长度方向应平行于织物的经向(纵向)或横向(横列)。每份样品的经纬向试样至少 5 块,并在标准大气条件下调湿 4 h。试样尺寸见表 1-11。

表 1-11　织物拉伸断裂试验试样尺寸

尺寸织物品种	裁剪尺寸(cm)		工作尺寸(cm)		备 注
	宽	长	宽	长	
棉及棉型化纤织物	6	30~33	5	20	拉去边纱

续表

尺寸织物品种	裁剪尺寸(cm)		工作尺寸(cm)		备 注
	宽	长	宽	长	
毛及毛型化纤织物	6	25	5	10	一般毛织物拉去边纱 重缩织物可不拉去边纱
针织物	5	20	5	10	不拉边纱,沿线圈行(列)剪取

如采用拆边纱条样法,按下图所示,将布样剪裁成宽 6 cm,扯去边纱使之成为宽 5 cm、长 40 cm 左右的经向和纬向强伸度试条。

（2）拉伸操作:将布样沿中央夹紧,使布样的纵向中心线刚好通过前面夹口的中心点,记录最大的力及最大力时的伸长,移动活动夹口,拉伸测试布样至断裂点,记录最大的力。如有要求,用牛顿值记录断裂时的最大力,用毫米值记录布样的延伸,或用百分比记录布样的伸长率。在最大力时,如有要求,记录断裂时的延伸或伸长率至少精确至:

① 伸长率<8%时,精确至 0.4 mm 或 0.2%。

② 8%≤伸长率≤75%时,精确至 1 mm 或 0.5%。

③ 伸长率>75%时,精确至 2 mm 或 1%。

（3）注意事项:

① 每个方向至少试验 5 块。

② 滑移:如果试样在钳口处滑移不对称或滑移量大于 2 mm,舍弃该试样结果;

③ 钳口断裂:如果试样在距钳口处 5 mm 以内断裂,则作为钳口断裂。当 5 块试样试验完毕,若钳口断裂的值大于最小的"正常值",可以保留;如果小于最小的"正常值",应舍弃,另加试验以得到 5 个"正常值";如果所有的试验结果都是钳口断裂,或得不到 5 个"正常值",应该报告单值。钳口断裂结果应在报告中指出。

④ 计算断裂强力和断裂伸长率的变异系数,修约至 0.1%。

4. 任务结果报告

按照 GB/T 3923.1—2013《纺织品 织物拉伸性能 第1部分:断裂强力和断裂伸长率的测定（条样法）》的规定,应包括以下内容:

① 本标准的编号和试验日期。

② 样品名称、规格。

③ 隔距长度。

④ 拉伸速度。

⑤ 预加张力,或松式夹持。

⑥ 试样数量,舍弃的试样数量和原因。

⑦ 断裂强力平均值及断裂伸长率平均值。
⑧ 断裂强力和断裂伸长率的变异系数。

【过关自测】

1. 解释下列术语：

纤维、生态纤维、聚合度、高分子化合物、相对分子质量的多分散性、侧序度、构型结构、构象结构、聚集态结构、玻璃化温度、软化温度、力学松弛现象。

2. 纺织纤维应具备哪些性质？
3. 纺织纤维是如何分类的？
4. 简述高分子化合物的基本特征。
5. 如何理解高分子化合物的分子间力？
6. 从哪几个层面剖析认识纤维结构？
7. 什么是纤维的超分子结构？
8. 描述晶态高分子化合物的两相结构模型和折叠链模型要点。
9. 高分子化合物的分子运动有哪些特点？
10. 说明非晶态高分子物的三种力学状态转变与温度和运动单元的关系。
11. 分析说明纤维的力学状态转变情况。
12. 举例说明什么是高分子材料的蠕变、应力松弛、滞后现象。
13. 绘制高分子化合物的应力-应变曲线图，并指出曲线上四点和三段含义。
14. 简述纤维的吸湿机理，说明纤维结构如何影响吸湿性？
15. 纤维的拉伸性能指标有哪些？
16. 简述纤维的结构与断裂强度之间的关系。
17. 简述纤维的结构与其化学反应性质和反应程度的关系。
18. 用简单的方法鉴别下列纤维：棉、麻、蚕丝、黏胶长丝、涤纶、腈纶。
19. 合成纤维的热性能包括哪些内容？
20. 纤维在光的作用下会发生什么变化？

【主题拓展】新型纺织纤维材料的发展现状

查阅资料，归纳并形成新型纺织纤维材料的发展现状报告。

主要参考文献：

[1] 杭伟明. 纤维化学与面料. 北京：中国纺织出版社，2009.
[2] 蔡再生. 纤维化学与物理. 北京：中国纺织出版社，2009.
[3] 蔡苏英. 染整技术实验. 北京：中国纺织出版社，2009.
[4] 李南. 纺织品检测实训. 北京：中国纺织出版社，2010.

项目二 纺织品种识别

学习目标要求

（一）**应知目标要求**：明确常见纤维的纱线、织物种类、特点及规格特征；熟悉各类纤维制品中代表品种的组织结构特点及对染整加工的基本要求，了解代表品种的风格特点和主要用途。

（二）**应会目标要求**：能判断常见纺织品的类别，能根据标牌代码说明其组织结构和规格指标；能描述代表纺织品种的主要风格特点；能确定必需的纺织染整加工工序及流程。

【情景与任务】

LT纺织品外贸公司的业务经理王先生，送至某高校印染产品质检中心六种厚薄不一、风格各异的色织和染色样布（六种样布实物：棉麻类、毛类、丝织物类各两种），要求检测各样布的纤维成分、经纬纱线规格及织物组织规格等，指导开发新产品，拟参加每年一度的上海春季纺织品博览会。

该质检中心的杨教授按照任务要求，组织质检团队成员，分成六个小组，发放待检样布，下达任务书，给出参考材料，要求一周内完成样布分析，给出检测结果报告。

质检小组成员，通过学习教材和查阅资料，熟悉各类纤维代表品种特点及结构特征，确定样品识别分析方法，制订样布分析方案，在质检中心展开分析工作，一周内顺利完成任务，提交报告，并在杨教授主持下各小组进行了工作交流。

任务一 纱线、织物分类与规格解读

一、纱线分类与规格解读

（一）常用纺织材料的名称与代号

1. 部分常用纺织材料的中英文名称

　　棉 Cotton　　　　　　　　　　　麻 Linen
　　腈纶 Acrylic　　　　　　　　　　黄麻 Jute

亚麻 Flax yarn　　　　　　　　　　黏胶（人造棉）Rayon
大麻 Hemp　　　　　　　　　　　铜氨纤维 Cuprammonuium(Cupro)
苎麻 Ramie　　　　　　　　　　　涤纶 Terylene
氨纶 Polyurethanes　　　　　　　聚酯 Polyester
羊毛 Wool　　　　　　　　　　　锦纶 Polyamide
羊绒 Cashmere　　　　　　　　　尼龙 Nylon
马海毛 Mohair　　　　　　　　　醋酯纤维 Acetate
兔毛 Rabbit hair　　　　　　　　弹性纤维 Polythane(Elastan)
丙纶 Polypropylene　　　　　　　维纶 Vinal
蚕丝（丝绸）Silk　　　　　　　　聚乙烯醇 Polyvinyl alcohol
氯纶 Polyvinyl chloride　　　　　人造丝 Nitrocellulose silk

2. 常用纺织材料的代号

见表2-1。

表2-1　常用纺织材料的代号

材料名称	代号	材料名称	代号
棉	C	腈纶	A
亚麻（大麻）	L(H)	维纶	PVAL
羊毛	W	氨纶	PU
羊绒	WS	莱卡	LY
马海毛	M	精梳纱	J
兔毛	RH	涤/棉混纺	T/C
蚕丝	S	涤/黏混纺	T/R
普通黏胶纤维	R	毛/涤混纺	W/T
涤纶	T	棉/麻混纺	C/Ra
锦纶	P	棉/维混纺	C/V

（二）纱线分类

由纤维纺制成的纱线种类很多，常见的分类方法及纱线的主要性能与用途见表2-2。

表2-2　纱线种类与用途

分类依据与种类		特 性 与 用 途
线密度	粗特纱	≥32 tex(18 英支)：适用于粗厚织物，如粗花呢、粗平布等
	中特纱	21～31 tex(19～28 英支)：适用于中厚织物，如中平布、华达呢、卡其等
	细特纱	11～20 tex(29～54 英支)：适用于细薄织物，如细布、府绸等
	超细特纱	≤10 tex(58 英支)：适用于高档精纺面料，如高支衬衫、精纺贴身羊毛衫等
纤维长度	长丝纱	由一根或多根长丝并合、加捻或变形加工而成
	短纤维纱	包括棉型纱、中长纤维型纱、毛型纱
	长丝短纤维组合纱	由短纤维和长丝通过特殊方法编制而成，如包芯纱、包缠纱等

续表

分类依据与种类			特性与用途
纤维种类	纯纺纱		只含一种纤维，如棉纱、毛纱、麻纱和绢纺纱
	混纺纱		由两种及以上纤维混合纺成，如T/C混纺纱、T/R混纺纱、50/50毛/腈混纺纱、50/50涤/黏混纺纱等
	交捻纱		由两种及以上纤维或色彩的单纱捻合而成
纺纱工艺	粗梳纱（普梳纱）		经过一般纺纱系统（粗梳系统）进行梳理纺得。短纤维含量较多，纤维平行伸直度差，结构松散，毛茸多，纱支较低，品质较差；多用作一般织物和针织品的原料，如粗纺毛织物、中特以上棉织物等
	精梳纱		经过精梳纺纱系统纺得。强度高、条干好、表面光洁，品质优良；主要用作高级织物及针织品的原料，如细纺、华达呢、花呢、羊毛衫等
	废纺纱		用纺织下脚料（废棉）或混入低级原料经粗梳加工纺得。纱线松软、条干不匀、含杂多、色泽差，品质差；一般只用于织造粗棉毯、厚绒布和包装布等低级的织品
纱线用途	机织纱		经纱：用作织物纵向纱线，捻度较大、强力较高、耐磨性较好 纬纱：用作织物横向纱线，捻度较小、强力较低、较柔软
	针织纱		纱线质量要求较高，捻度较小，强度适中
	其他用纱		包括缝纫线、绣花线、编结线、杂用线等。根据用途不同，对这些纱的要求也不同
纱线结构	单纱		只有一股纤维束捻合而成，可以是纯纺纱，也可以是混纺纱
	股线		由两根及以上的单纱捻合而成
	单丝		由一根纤维长丝构成
	复丝		由两根及以上的单丝并合而成
	捻丝		由复丝加捻而成
	复合捻丝		由捻丝经过一次或多次并合、加捻而成
	变形纱（变形丝）		由化纤原丝经过变形加工而成，具有卷曲、螺旋、环圈等外观特性，包括高弹丝、低弹丝、膨体纱和网络丝等
	花式线		由特殊工艺制成，具有特殊的外观形态与色彩的纱线： ① 花色线：多用于女装和男夹克衫 ② 花式线：可用于轻薄的夏装、厚重的冬装、其他衣着面料、装饰材料等 ③ 特殊花式线：主要指金银丝、雪尼尔线等，可用于织物、装饰缝纫线等
	包芯纱		通常以长丝为纱芯，外包短纤维纺制而成。常用的纱芯长丝有涤纶丝、锦纶丝、氨纶丝，外包短纤维常用棉、涤/棉、腈纶、羊毛等；主要用作弹力织物、衬衫面料、烂花织物、缝纫线等
纺纱方法	环锭纱		在环锭细纱机上，用传统的纺纱方法加捻制成。纱中纤维内外缠绕联结，纱线结构紧密，强度高，生产效率较低；用途广泛，可用于各类织物、编结物、绳带等
	自由端纱		在高速回转的纺杯流场内或在静电场作用下使纤维凝聚并加捻成纱。由于纱线的加捻与卷绕作用分别由不同的部件完成，因而效率高，成本较低，如气流纱、静电纱、涡流纱、尘笼纱等
	非自由端纱	自捻纱	捻度不匀，在一根纱线上有无捻区段存在，因而强度较低；适用于生产羊毛纱和化纤纱，用于花色织物和绒面织物较合适
		喷气纱	纱芯几乎无捻，外包纤维随机包缠，纱体较疏松，手感粗糙，且强度较低；可用于机织物和针织物，制作男女上衣、衬衣、运动服和工作服等
		包芯纱	由其制成的针织物或牛仔裤等，穿着伸缩自如，舒适合体
染整工艺	原色纱		未经染整加工，具有纤维原来颜色的纱线
	漂白纱		经过漂白加工，颜色较白的纱线

续表

分类依据与种类		特 性 与 用 途
染整工艺	染色纱	经过染色加工,带有颜色的纱线
	色纺纱	用色纤维纺成的纱线
	烧毛纱	经过烧毛加工,表面较为光洁的纱线
	丝光纱	经过丝光加工的纱线,包括碱液处理的丝光棉纱和纤维鳞片去除的丝光毛纱

关于纱线种类,补充说明如下:

(1) 高弹丝:高弹丝或称高弹变形丝,具有很高的伸缩性,而蓬松性一般,主要用于弹力织物,以锦纶高弹丝为主。

(2) 低弹丝:低弹丝或称变形弹力丝,具有适度的伸缩性和蓬松性,多用于针织物,以涤纶低弹丝为多。

(3) 膨体纱:膨体纱具有较低的伸缩性和很高的蓬松性,主要用作绒线、内衣或外衣等要求蓬松性好的织物。其典型代表是腈纶膨体纱,也叫作开司米。

(4) 网络丝:网络丝又名交络丝,是普通的涤纶低弹丝通过一种网络喷嘴时,经喷射气流作用,使相互平行的单丝之间互相缠结,从而形成周期性"网络点"的一种略带弹性和蓬松性的涤纶加工丝。网络丝做经线可以减少上浆工序。

(5) 花色线:指按一定比例将彩色纤维混入基纱的纤维中,使纱上呈现鲜明的长短、大小不一的彩段、彩点的纱线,如彩点线、彩虹线等。

(6) 花式线:指利用超喂原理得到的具有各种外观特征的纱线,如圈圈线、竹节线、螺旋线、结子线等。此类纱线织成的织物手感蓬松、柔软,保暖性好,且外观风格别致,立体感强。

(7) 金银丝:主要指将铝片或夹在涤纶薄膜片之间或蒸着在涤纶薄膜上而得到的金银线。雪尼尔线是一种特制的花式纱线,即将纤维握持于合股的芯纱上,状如毛刷,其手感柔软,广泛用于植绒织物和穗饰织物。

(8) 气流纱:也称转杯纺纱,是利用气流将纤维在高速回转的纺纱杯内凝聚加捻而输出成纱。纱线结构比环锭纱蓬松、耐磨,条干均匀,染色较鲜艳,但强度较低。主要用于机织物中蓬松厚实的平布、手感良好的绒布及针织品类。

(9) 静电纱:是利用静电场对纤维进行凝聚、加捻而制得的纱。纱线结构同气流纱,用途也与气流纱相似。

(10) 涡流纱:是采用固定不动的涡流纺纱管,代替高速回转的纺纱杯所纺制的纱。纱上弯曲纤维较多,强度低,条干均匀度较差,但染色、耐磨性能较好。此类纱多用于起绒织物,如绒衣、运动衣等。

(11) 尘笼纱:也称摩擦纺纱,是利用一对尘笼对纤维进行凝聚、加捻而纺制的纱。纱线呈分层结构,纱芯捻度大、手感硬,外层捻度小、手感较柔软。此类纱主要用于工业纺织品、装饰织物,也可用于外衣(如工作服、防护服)。

(12) 自捻纱:是通过往复运动的罗拉给两根纱条施以假捻,当纱条平行贴紧时,靠其退捻回转的力互相扭缠而成纱。

(13) 喷气纱:是利用压缩空气所产生的高速喷射涡流,对纱条施以假捻,经过包缠和扭结而纺制的纱线,成纱结构独特。

(三)纱线的结构特征

通常所谓的纱线是指纱和线的统称。纱是由短纤维沿轴向排列并经过加捻而成,或用长丝组成的一定线密度的产品;线是由两股或两股以上的单纱并合加捻而成的产品,根据其合股数可分为双股线、三股线、四股线等。简言之,纱线是用各种纺织纤维加工成一定细度的产品,用于织布、制绳、制线、刺绣、缝纫等。

纱线的细度和捻度、捻向是纱线重要的结构特征。

1. 纱线的细度

细度指的是纱线的粗细程度,是一个非常重要的结构指标。广义的细度指标有直接指标和间接指标两种。直径、截面积等属于直接指标。线密度、纤度、公制支数、英制支数属于间接指标,是通过纱线的长度和质量关系来表示的细度指标。我国细度的法定指标是线密度。习惯上,棉型纱线的细度用英制支数,毛纱和麻用公制支数,蚕丝和化纤长丝用纤度。

天然纤维的平均细度差异很大,如棉纤维中段最粗、梢部最细、根部居中。化学纤维的细度可以控制,常用化学短纤维的长度与线密度见表2-3。

表2-3 化学短纤维常用规格的长度与线密度

规格	棉型化学短纤维	中长型化学短纤维	毛型化学短纤维
长度(mm)	30~40	51~65	51~150
线密度(dtex)	1.6左右	2.78~3.33	3.36以上

(1) 直径(D)。纤维直径常用微米(μm)表示,纱线直径常用毫米(mm)表示。纤维或纱线截面接近圆形时,用直径表示较为合适。

(2) 线密度(Tt)。线密度是指1 000 m长的纤维或纱线在公定回潮率时的质量克数,俗称为号数。其单位为"特克斯",简称"特",符号为"tex"。它的计算公式为:

$$Tt = \frac{公定回潮率时的试样质量(g)}{试样长度(m)} \times 1\,000 \qquad (2-1)$$

常用的线密度单位有特(tex)、分特(dtex)、毫特(mtex),相互之间的关系为1 tex=10 dtex=1 000 mtex。棉纤维的线密度单位常用分特。

如某单纱18 tex,表示纱线1 000 m长时,其公定质量为18 g。股线的线密度等于单纱线密度乘股数,如18 tex×2表示两根18 tex的单纱组成的股线,相当于36 tex的单纱线的粗细。当组成股线的单纱线密度不同时,则股线线密度为各单纱线密度之和,如18 tex+15 tex,该股线粗细相当于33 tex的单纱线。

(3) 纤度(N_{den})。指9 000 m长的纤维或纱线在公定回潮率时的质量克数,俗称旦数。其单位为"旦尼尔",简称"旦",符号为"den"。它的计算公式为:

$$N_{den} = \frac{公定回潮率时的试样质量(g)}{试样长度(m)} \times 9\,000 \qquad (2-2)$$

纤度一般多用于表示天然丝或化纤长丝的粗细。若公定回潮率时,4 500 m长丝的质量为10 g,则其纤度为20 den。

蚕丝的生丝是由多根茧丝并合而成的,各根茧丝的粗细不尽相同,因此并合后的生丝粗细有差异,其纤度常用两个纤度的数字表示,如生丝20/22 den,即表示其生丝的纤度在20 den

和 22 den 之间(22.22～24.44 dtex)。合成纤维的纤度是可控的,如涤纶高弹丝规格有 75 den、100 den、150 den、300 den 等。

线密度和纤度为定长制指标,其数值越大,表示纤维或纱线越粗。

(4) 公制支数(N_m)。公制支数是指 1 g 纤维在公定回潮率时的长度米数。它的计算公式为:

$$N_m = \frac{试样长度(m)}{公定回潮率的试样质量(g)} \tag{2-3}$$

如常用的苎麻线为 9.5 公支/6(105.3 tex×6),意为由 6 股 9.5 公支(105.3 tex)单纱一次捻成的线。又如全毛纱规格有 20 公支/2、24 公支/2、32 公支/2、48 公支/2 等。

(5) 英制支数(N_e)。英制支数是指在英制公定回潮率下,质量为 1 lb 的棉纱线所具有的长度为 840 yd 的倍数。其单位为"英支",符号为"^{s}"。1 lb≈453.6 g,1 yd=0.914 4 m。它的计算公式为:

$$N_e = \frac{试样长度(yd)}{英制公定回潮率的试样质量(lb) \times 840} \tag{2-4}$$

例如:1 lb 的棉花纺成的纱线长度是 8 400 yd,那么英制支数为 10^s;若长度为 16 800 yd,则英制支数为 20^s。

英制支数和公制支数都是定重制单位,支数值越高,纱线越细,织成的织物越薄。高支数的棉纱需要优质的原材料和高档设备才能纺成,一般 40^s 以上的纱线才能称为高支纱。

线密度 Tt 与英制支数 N_e 的换算关系为:

化纤纱:
$$Tt = \frac{590.5}{N_e} \tag{2-5}$$

纯棉纱:
$$Tt = \frac{583.1}{N_e} \tag{2-6}$$

2. 捻度和捻向

纱线的性质是由组成纱线的纤维性质和成纱结构决定的。加捻是使零散状的纤维相互挤压抱合在一起,是形成纱线的必要手段,也是影响纱线结构最主要的因素。纺纱的过程就是将短纤维梳理平行、加捻的过程。加捻的目的是为了增加纱线的强度、弹性和光洁度。短纤维必须经过加捻才能纺成纱线,才能在受到拉伸等作用时不易滑脱,从而保持纱线的形态,并具有一定的强度。因此纱线加捻的程度直接影响纱线的品质和使用价值。

(1) 捻度。纱线绕其轴心旋转 360°即为一个捻回。由纱条走向与纱线轴向构成的夹角叫作捻回角,用符号 β 表示。

捻度是指纱线单位长度所具有的捻回数,是表示纱线加捻程度的指标。该单位长度取值往往随纱条的种类、线密度而不同:

① 棉及棉型化纤纱线,采用特克斯制,以 10 cm 为长度单位,表示为"捻/10 cm";
② 精纺毛纱及化纤长丝纱,采用公制支数,以 1 m 为长度单位,表示为"捻/m";
③ 英制支数制以 1 in 为长度单位,表示为"捻/英寸"。

几种常用低支纱的捻度见表 2-4。

表 2-4　几种常用低支纱的捻度

纱支	捻度	纱支	捻度
10^S	50 捻/10 cm	$21^S/2$ 强捻	56 捻/10 cm
12^S	56 捻/10 cm	$21^S/2$ 强捻	26 捻/10 cm
16^S	59 捻/10 cm	$32^S/2$	56 捻/10 cm
21^S	69 捻/10 cm	$32^S/2$	36 捻/10 cm
$10^S/2$	35 捻/10 cm	$40^S/2$	60 捻/10 cm
$12^S/2$	50 捻/10 cm	$40^S/2$	40 捻/10 cm

捻度影响纱线的强力、伸长、弹性、刚柔性、光泽和缩率等性质。一般而言，捻度过大，纱线的手感变硬，易打结，织物光泽下降，弹性和柔软性变差，强力也会下降；反之，纱线表面茸毛较多，手感柔软，光泽柔和。对于蚕丝来说，适当的捻度能提高织物的抗皱性和悬垂感。因此，不同用途的纱线或长丝对捻度有不同的要求。一般说来，在满足强力要求的前提下，纱线捻度越小越好。这便是长丝一般不加捻或少加捻的缘故。

相同线密度的纱线，捻度越大，加捻程度就越大，外界对它做的功也越大，纱条越紧密。相同的捻度，线密度小的纱线，外界对它做的功小，加捻程度小。所以引入另一个与纱线捻度和线密度都有关系的加捻指标——捻系数。

捻系数是纱线加捻程度的量度，与捻回角成正比，是表征不同线密度的纱线的捻紧程度。纱线捻系数一般用符号 α_t 表示。捻系数与捻度、线密度之间的关系为：

$$T_{tex} = \frac{\alpha_t}{\sqrt{Tt}} \tag{2-7}$$

式中：T_{tex}——纱线捻度（捻/10 cm）；

α_t——纱线捻系数；

Tt——纱线线密度（tex）。

（2）捻向。纱条的捻向是指纱条加捻后表面纤维倾斜的方向，有 Z 捻和 S 捻之分。

① Z 捻：纱线表面纤维自左下方向右上方倾斜，形同字母"Z"的中部，为左手方向或逆时针方向，也称左手捻。

② S 捻：纱线表面纤维自右下方向左上方倾斜，形同字母"S"的中部，为右手方向或顺时针方向，也称右手捻。

为方便挡车工操作，棉纺粗纱机和细纱机一般采用 Z 捻。股线捻向与单纱捻向相同时，则织物结构紧密，手感硬，光泽差。因此，股线捻向一般与单纱相反，以 S 捻居多。

捻向的表示方法是有规定的，例如单纱为 Z 捻、初捻为 S 捻、复捻为 Z 捻的股线，其捻向表示为"ZSZ"。

在实际应用中，利用捻度不同、捻向不同的纱线，可织造出具有独特外观风格的织物。如平纹组织，经纬纱捻向不同，则织物表面反光一致，光泽较好，织物松厚柔软。斜纹组织如华达呢，当经纱采用 S 捻、纬纱采用 Z 捻时，由于经纬纱的捻向与织物斜纹方向垂直，则反光方向与斜纹纹路一致，因而纹路清晰。而当若干根 S 捻、Z 捻纱线相间排列时，织物可产生隐条隐格效应，如某些花呢。而捻度大小不等的纱线捻合在一起构成织物时，会产生波纹效应。如绉组织就用高捻纱且捻向相反来获得粗细皱纹效应的。起绒组织则用低捻纱,易起绒,获得柔软的手感、柔和的光泽。

(四)纱线规格解读

下面是部分常见纱线规格,逐一解读:

(1) 全棉纱 C 18.2 tex(32^S):18.2 tex 即 32^S 的纯棉单纱。

(2) 人棉纱 R 13S:13^S 的人造棉(黏胶)单纱。

(3) 全棉纱 JC 50S:50^S 的纯棉精梳单纱,"J"表示由精梳纺纱系统纺成的纱。

(4) 全棉纱 C 40S/2(高配):由 2 根 40^S 高配单纱并捻成的双股棉线。高配棉纱是比精梳纱质量差一点的棉纱,相当于 20^S 单纱的粗细。

(5) 全棉纱 OE 10S:气流纺的 10^S 纯棉纱。

(6) 棉线 18 tex×2:单纱为 18 tex 的双股线,相当于 36 tex 的单纱线的粗细。

(7) 棉线 18 tex+15 tex:由 18 tex 和 15 tex 的棉单纱加捻而成的股线,相当于 33 tex 的单纱线的粗细。

(8) 人棉包芯纱 R 16S(PU 70D):芯为 70 den 的氨纶丝,外包 16^S 的黏胶纱。类似的有 R 20S(PU 40D)—R 40S(PU 40D),通常用于针织和机织。

(9) 涤纶全牵伸丝 FDY 100D×36F:纤度为 100 den 的涤纶长丝,单纤根数为 36 根。

(10) 涤纶低弹丝 DTY 150D×96:纤度为 150 den 的涤纶低弹丝,单纤根数为 96 根。

(11) 混纺纱规格:

涤/黏混纺:T/R 30S;棉/黏混纺:R/C 30S;涤/棉混纺(80/20):T/C 80/20 32S;精梳涤/棉混纺:J T/C 32S;涤/亚麻混纺纱:T/L 80/20 16S。

注①:表示多股纱时,法定单位用"×"表示股数,而习惯单位用"/"后面的数字表示。如全棉纱 13.8 tex×2(42^S/2),全毛纱 16.7 tex×2(48/2 公支),桑蚕丝 31.08/33.30 dtex×2(2/28/30 den)。

注②:表示涤/棉混纺比例时,除了 T/C 65/35 不需将 65/35 表示外,其余比例都要写出来,并且要将比例大的写在上面,比例小的写在下面。

二、织物分类与规格解读

(一)织物分类

织物是由线条状物通过交叉、绕结或黏结关系构成的片状物。按织造加工方法分,织物分为机织物、针织物、非织造织物和编织织物四大类(图 2-1)。

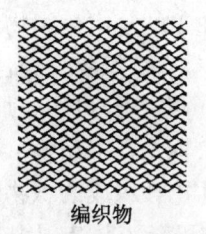

机织物　　　　针织物　　　　编织物　　　　非织造织物

图 2-1　按织造方法分成的四大类织物示意图

机织物是指由相互垂直的两组纱线,按一定规律交织而成的织物。机织物的特点是结构坚实,形态稳定,强度高,耐磨性好,但柔软性、弹性和透气性差。

针织物是指由一组或几组纱线,以线圈相互串套,连接而成的织物。针织物与机织物的特点形成互补,表现为具有良好的延伸性和弹性,手感柔软,透气散湿,但尺寸不稳定,易脱散、卷边、钩丝、起毛起球。按照生产方法不同,针织物分为纬编针织物和经编针织物。

非织造织物是指由纤维、纱线或长丝,用机械、化学或物理的方法结合而成的片状物、纤网或絮垫。其特点是生产工艺流程短,效率高,原料加工适应性强,产品用途广泛。

编织织物是指由一组或多组纱线,相互之间用钩编串套或打结的方法编织而成的织物,如网罩、花边、手提包、渔网等。

目前,应用最广泛的是机织物和针织物。

1. 机织物的种类

(1) 按原料分类,机织物可分为纯纺织物、混纺织物、交织物和混并织物。

经纬均用同一种纤维的纱线织造而成的织物为纯纺织物。

经纬均用混纺纱线织造而成的织物为混纺织物。混纺织物的品种繁多,大多用于裁制服装,如棉/麻、涤/棉、涤/黏、维/棉、丙/棉、毛/腈、毛/黏及涤/腈/黏三合一混纺的中长华达呢、平纹呢等。

经纬用两种不同纤维的纱线交织而成的织物为交织物。常见的交织产品有棉经与涤/棉纬、棉经与维纶纬交织的闪光府绸、涤/棉经与涤纶长丝纬交织的织物,涤/棉经与棉纬交织的牛津布等。交织物一般用于服装、装饰用布等。

用不同种类纤维的单纱并捻成的纱线(并捻纱)织造而成的织物为混并织物。该类织物可利用各种纤维不同的染色性能,通过染整形成仿色织效应。如涤黏/涤纶混并哔叽,经纬均用 19.7 tex(30^S)涤/黏中长纱与 16.7 tex(150 den)涤纶长丝并捻线织造,$\frac{2}{2}$ 斜纹组织,经密 238 根/10 cm(72 根/in),纬密 220 根/10 cm(56 根/in)。类似的还有涤黏/涤棉纱混并马裤呢,经纬均用 18.5 tex(32^S)涤黏纱与 16.8 tex(35^S)涤棉纱混并线织成,变化急斜纹组织,经密 417 根/10 cm(106 根/in),纬密 251.5 根/10 cm(64 根/in)。混并织物主要用于服装。

(2) 按纤维的长度和细度分类,机织物可分为棉型织物、中长型织物、毛型织物和长丝织物,分别是由棉型纱线、中长化纤、毛型纱线和长丝织成的织物。

(3) 按纱线的结构和外形分类,机织物可分为纱织物、线织物和半线织物。经纬向均由单纱织成的是纱织物,均由股线织物成的是线织物,经向为股线、纬向为单纱织成的是半线织物。

(4) 按染整加工方法分类,机织物可分为本色织物、煮练织物、漂白织物、染色织物、印花织物、色织织物和色纺织物。

纱线、织物均未经染整加工的是本色织物,也称本色坯布、本白布、白布或白坯布。经过煮练去除部分杂质的本色织物是煮练织物。经过煮练、漂白加工的是漂白织物。经过染色加工的是染色织物,也称色布、染色布。经过印花加工的是印花织物,也称印花布、花布。由经过练漂、染色加工的纱线织成的织物是色织织物。先将染色与未染色纤维或纱条按一定比例混纺或混并制成并捻纱,再由此并捻纱织成的织物叫作色纺织物。

(5) 按用途分类,机织物可分为服装用织物、装饰用织物、产业用织物和特种用途织物。

外衣、衬衣、内衣、袜子、鞋帽等用织物属于服装用织物,简称服用织物。床上用品、室内装饰用布、卫生盥洗等用布属于家用装饰织物,也称家纺织物。传送带、窗子布、包装布、过滤布等织物属于产业用织物。在特殊环境中使用的织物为特种用途织物。

（6）按织物组织结构分类，机织物可分为原组织、小花纹组织、复杂组织、大提花组织织物（图 2-2）。

平纹组织　　　　　斜纹组织　　　　　缎纹组织

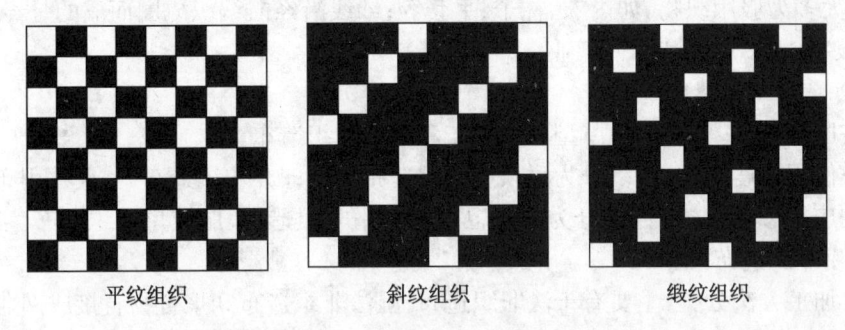

图 2-2　织物组织分类示意图

① 原组织：是最简单的织物组织，又称基本组织。它包括平纹组织、斜纹组织缎纹组织三种。
② 小花纹组织：是由上面三种基本组织变化、联合而形成的组织，如山形斜纹、急斜纹。
③ 复杂组织：又包括二重组织（多织成厚绒布，棉绒毯等）、起毛组织（如灯芯绒布）、毛巾组织（毛巾织物）、双层组织（毛巾织物）和纱罗组织。
④ 大花纹组织：也称提长花组织，用来织出花鸟鱼虫、飞禽走兽等美丽图案。

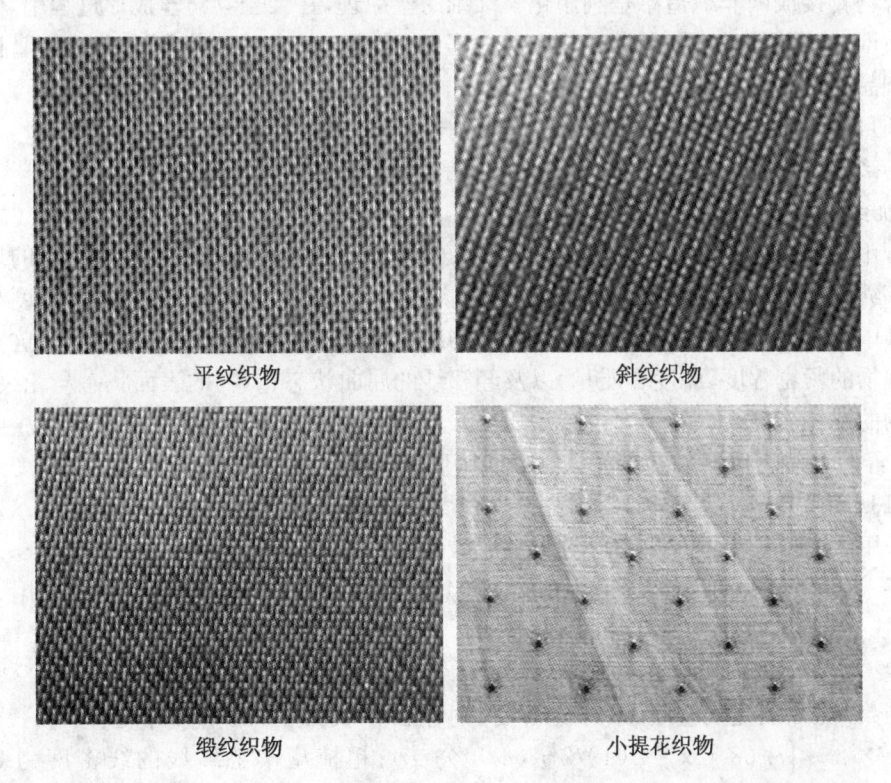

平纹织物　　　　　　　　　斜纹织物

缎纹织物　　　　　　　　　小提花织物

图 2-3　织物组织分类实物图

2. 针织物分类

（1）按加工方法分类，针织物可分为针织坯布和成形产品。前者主要用于制作内衣、外衣和围巾;后者主要有袜子、手套产、羊毛衫等。

(2)按加工工艺分类,针织物可分为纬编和经编针织物。纱线沿纬向编织成圈而成的是纬编织物,大多为服用织物,如内衣、袜子、手套等;纱线沿经向编织成圈而成的是经编针织物,少量用于服装,大多用于装饰或工业。

3. 非织造布的种类

(1)按厚薄分类,可以分为厚型非织造布和薄型非织造布。

(2)按使用强度分类,可以分为耐久型非织造布和用即弃非织造布(一次性用布)。

(3)按应用领域分类,可以分为医用卫生保健用非织造布、服装用非织造布、装饰用非织造布、工业用非织造布等。

(4)按加工方法分类,主要有干法非织造布、湿法非织造布和聚合物直接成网非织造布。

干法非织造布是先将短纤维在干燥状态下经过梳理设备或气流成网设备,制成单向、双向或三维的纤维网,然后经过化学黏合或热黏合等方法制成的非织造布。

湿法非织造布是先将天然或化学纤维均匀地悬浮于水中,开松成单纤维,同时使不同纤维原料混合,制成纤维悬浮浆;再将悬浮浆输送到成网机构(移动的滤网),水被滤掉,纤维均匀地铺在滤网上形成纤维网,经过压榨、黏结、烘燥成卷制成非织造布。因在湿态下成网再加固成布而得名。

聚合物直接成网非织造布是利用化学纤维纺丝原理,在聚合物纺丝成形过程中,使纤维直接铺置成网,纤网再经机械、化学或热方法加固而成;或利用薄膜生产原理直接使薄膜分裂成纤维状制品(无纺布)。

本项目以机织物中的服装用织物为主要内容加以解读。

(二)织物规格解读

1. 机织物的规格

在常用的机织物中,与布边平行的纱线是经纱,垂直于布边的是纬纱。机织物的规格主要包括经纬纱的线密度、织物密度、织物紧度、织物组织、面密度,以及织物的长度、宽度和厚度等内容。其中,经纬纱线密度、经纬纱密度和织物组织是决定织物结构的三大要素。这三大要素决定着织物的紧密程度、厚度和质量,以及经纬纱的屈曲状态、织物的表面状态与花纹,从而决定了织物的性能与外观。

(1)经纬纱线密度。织物中经纬纱的线密度表示方法:经纱的线密度乘纬纱的线密度。

如:13.1×13.1表示经纬纱都采用线密度为13.1 tex的单纱;14.6×2×14.6×2表示经纬纱都采用由2根14.6 tex的单纱并捻的股线;

14.6×2×29.2表示经纬纱采用由2根14.6 tex的单纱并捻的股线,纬纱采用29.2 tex的单纱。

棉型织物在必要时可附注英制支数,如14.6 tex×14.6 tex(40^S×40^S)。毛型织物以前采用公制支数,现在法定计量指标为线密度,附注公制支数。如:精梳羊毛纱线的线密度为52.63 tex×2～15.63 tex×2(19/2～64/2公支);粗梳型羊毛纱线的线密度为83.33～71.43 tex(12～14公支)或83.33 tex×2～38.46 tex×2(12/2～26/2公支)。

(2)织物密度。织物密度是指织物中经向或纬向单位长度内的纱线根数,用 M 表示,单位为"根/10 cm"。

织物密度有经密和纬密之分:经密又称经纱密度,是织物中沿纬向单位长度内的经纱根数,用 M_t 表示;纬密又称纬纱密度,是织物中沿经向单位长度内的纬纱根数,用 M_w 表示。

习惯上,织物密度表示为: $M_t \times M_w$。如 236×220 表示织物的经密是 236 根/10 cm,纬密是 220 根/10 cm。

表示织物经纬纱线密度和织物密度的方法,是将经纬纱线密度和织物密度自左向右联写为: $Tt_t \times Tt_w \times M_t \times M_w$。

大多数织物采用经密≥纬密的配置。当纱线直径相同时,织物密度越大,织物就越紧密、厚实、坚牢、硬挺;织物密度越小,织物则越稀薄、柔软、透气、下垂。

对于化纤长丝织物,如塔夫绸、尼丝纺等,当经纬丝为相同线密度时,习惯上采用 T 来表示织物密度,T 为单位英寸的经纬向密度之和,如 210T 尼丝纺是指经纬向密度之和为 210 根/in[(48.2+34)×2.54≈210]。

(3) 织物紧度。当纱线直径不相同时,织物密度就无法反映其紧密程度,故引入织物紧度的概念。

织物紧度是指织物中纱线挤紧的程度,有经向紧度和纬向紧度之分,用单位长度内纱线直径之和所占分率来表示:

$$E_t = \frac{d_t n_t}{L} \times 100\% = \frac{d_t M_t}{100} \times 100\% \qquad (2-8)$$

$$E_w = \frac{d_w n_w}{L} \times 100\% = \frac{d_w M_w}{100} \times 100\% \qquad (2-9)$$

式中: E_t, E_w ——经向、纬向紧度;
   d_t, d_w ——经纱、纬纱直径;
   n_t, n_w ——单位长度内的经纱、纬纱根数;
   L ——单位长度(mm);
   M_t, M_w ——织物经密、纬密(根/10 cm)。

织物的总紧度为:

$$E = (E_t + E_w - E_t \times E_w) \times 100\% \qquad (2-10)$$

由式 2-10 可以看出,织物紧度考虑了经纬密度和纱线直径两方面的因素,可以比较客观地反映织物的紧密程度。当紧度<100%时,说明纱线间尚有空隙;当紧度=100%时,说明纱线间刚好紧靠;当紧度>100%时,说明纱线间有挤压,甚至重叠,紧度越大,说明纱线间挤压越严重。

织物紧度与织物风格的关系很大,对染整加工方式的影响较大。紧度大的织物紧密,刚性大,手感板硬,抗折皱性下降,需采用平幅染整加工方式;紧度小的织物稀松,手感柔软,缺乏身骨,可以采用绳状染整加工方式。

(4) 织物组织。织物组织是指织物中经纬纱相互沉浮交错的规律。最简单的织物组织叫原组织,又称为基本组织,包括平纹组织、斜纹组织缎纹组织三种。

平纹组织是最简单的原组织,由两根经纱和两根纬纱一上一下构成一个组织循环,经纬纱交织最频繁,屈曲最多,织物挺括,布面平坦,质地坚牢,手感较硬,弹性较小,不耐折皱。平纹组织织物通常采用平幅染整加工方式。

斜纹组织是指织物表面呈现由经纱或纬纱浮点组成的斜向织纹的织物组织。在其他条件相同的情况下,与平纹组织织物相比,斜纹组织织物较柔软厚实,光泽好,较耐折皱,但坚牢度较差。斜纹组织织物可以采用绳状染整加工方式。

缎纹组织是指相邻两根经纱和纬纱上的单独组织点均匀分布,但不互相连续的织物组织,是原组织中最复杂的一种。缎纹组织包括经面缎纹和纬面缎纹两种。缎纹组织织物布面光滑匀整,光泽好,质地柔软,没有清晰的纹路,有明显的正反面之分,不耐折皱,必须采用平幅染整加工方式。

(5) 面密度。织物面密度用每平方米织物所具有的质量克数表示,习惯上称为平方米克重。平方米克重取决于纱线的线密度和织物密度,是织物的一项重要规格指标,也是织物计算成本的重要依据。

棉织物的平方米克重常采用每平方米的退浆干重表示,一般为 70~250 g/m^2;毛织物的平方米克重用每平方米的公定质量表示,精梳毛织物的平方米克重为 130~350 g/m^2,粗梳毛织物的平方米克重为 300~600 g/m^2。而牛仔布的质量一般用盎司(oz)表达,即每平方码织物的质量盎司数,如 7 盎司、12 盎司牛仔布等。丝织物质量在外贸中常用姆米(m/m)表示,姆米是日本蚕丝织物质量单位的译音缩写,是丝织物质量的习惯计量单位,如 18 m/m 双绉、16 m/m 素绉缎等。姆米与平方米克重的换算关系为:

$$1 \text{ m/m} = 4.3056 \text{ g/m}^2$$

(6) 织物的外形尺寸规格。

① 长度:织物的长度即匹长,以米(m)为计量单位。匹长根据织物的用途、厚度、质量及卷装容量确定。棉织物匹长一般为 25~40 m;毛织物大匹长一般为 60~70 m,小匹长一般为 30~40 m。

生产中常将几匹织物联成一段,称为"联匹"。一般厚织物采用 2 联匹,中厚织物采用 3~4 联匹,薄型织物采用 4~5 联匹。

② 宽度:织物的宽度是指织物横向的最大尺寸,称为幅宽,单位为厘米(cm)。织物的幅宽通常根据织物的用途确定,同时考虑织缩率和染整加工后的收缩程度。

棉织物有梭织机产品的幅宽有中幅和宽幅两类,中幅一般为 81.5~106.5 cm,宽幅一般为 127~167.5 cm;无梭机织产品的幅宽最宽可以达到 3~5 m。粗纺呢绒的幅宽一般为 143 cm、145 cm、150 cm,精纺呢绒的幅宽为 144 cm 或 149 cm。

③ 厚度:织物厚度是指织物在一定压力下正反面之间的垂直距离,以毫米(mm)为计量单位。根据织物厚度不同,可将织物分为薄型、中厚型和厚型织物三类。

影响织物厚度的主要因素有纱线的线密度、织物组织种类、纱线在织物中的弯曲程度等。织物厚度对其服用性能的影响也很大,厚度大的织物,保暖性、防风性好,透气性、悬垂性差。

(7) 机织物规格的表示方法。织物规格一般有两种表示方法,即公制和英制。

① 公制表示法:原料 经丝(纱)线密度×纬丝(纱)线密度×经丝(纱)密度(根/10 厘米)×纬丝(纱)密度(根/10 厘米)×幅宽(厘米)织物组织。

如:T 150(旦)×300(旦)×523×283×147(厘米) 平纹。

② 英制表示法英制:原料 经纱支数(英支)×纬纱支数(英支)经纱密度(根/英寸)×纬纱密度(根/英寸)×幅宽(厘米)织物组织。

如:JC 40(英支)×40(英支)×133×72×58(英寸) 平纹。

2. 针织物的规格

针织物的规格主要包括线圈长度、密度、未充满系数、厚度和平方米克重等内容。

(1) 线圈长度。针织物的基本结构单元为线圈，它是一条三度空间弯曲的曲线。线圈长度是指组成一个线圈的纱线长度，单位为毫米（mm）。线圈长度可用将线圈拆散的方法进行测量，一般是测量 100 个线圈的纱线长度，然后求平均值。线圈长度决定了针织物的密度，并对织物的脱散性、延伸性、耐磨性、弹性、强力及抗起毛起球和勾丝性等产生影响。因此，线圈长度是针织物的一项重要指标。

(2) 密度。针织物的密度是指针织物在单位长度内的线圈数，通常采用横向密度和纵向密度表示。横向密度（简称横密）是指沿线圈横列方向在规定长度（50 mm）内的线圈纵向行数，用 P_A 表示；纵向密度（简称纵密）是指沿线圈纵行方向在规定长度（50 mm）内的线圈横列数，用 P_B 表示。

(3) 未充满系数。未充满系数为线圈长度与纱线直径的比值，它反映了在相同密度条件下，纱线线密度对针织物稀密程度的影响。

$$\delta = \frac{l}{d} \tag{2-11}$$

式中：δ——未充满系数；

l——线圈长度；

d——纱线直径。

线圈长度越大或纱线直径越小，则未充满系数越大，针织物中未被纱线充满的空间就越大，织物越稀松。

(4) 厚度。针织物的厚度取决于它的组织结构、线圈长度和纱线线密度等因素，一般以厚度方向有几根纱线直径来表示，也可以用织物厚度仪在试样处于自然状态下进行测量。

(5) 面密度。针织物的面密度通常用每平方米的干燥质量克数表示（g/m^2）。它是考虑针织物质量的重要指标。

针织物设计中，常用式（2-12）计算面密度。

$$Q = \frac{0.000\,4 P_A P_B l \mathrm{Tt}(1-y)}{1+W} \tag{2-12}$$

式中：Q——面密度（g/m^2）；

P_A——横密（线圈数/50 mm）；

P_B——纵密（线圈数/50 mm）；

Tt——纱线线密度（tex）；

l——线圈长度（mm）；

y——加工时的损耗率；

W——纱线的公定回潮率。

针织物分析中常用称重法求得面密度。在织物上剪取 10 cm×10 cm 的样布，放入已经预热的烘箱中，在 105～110℃下烘干，称得样布干重 Q'，则面密度为：

$$Q = \frac{Q'}{10 \times 10} \times 10\,000 = 100 Q' \ (g/m^2) \tag{2-13}$$

任务二 棉类织物品种识别

一、棉织物的分类及特点

(一)棉织物的类型

棉织物又称棉布,是以棉纱为原料的机织物。由于化纤的发展,出现了棉型化纤,其长度一般在 38 mm 左右、纤度在 1.5 den 左右,物理性状符合棉纺工艺要求,可在棉纺设备上纯纺或与棉纤维混纺。棉型化纤织物和棉织物统称为棉型织物。

棉型织物的分类方法很多,一般按织物的后加工工艺、生产过程等不同而采取不同的分类方法。

(1) 按后加工工艺分类,可分为本色(原色)布、漂白布、染色布、印花布、色织布等。

(2) 按纺纱加工分类,可分为普梳织物和精梳织物。

(3) 按商品名分类,可分为平布、府绸、斜纹布、哔叽、华达呢、卡其、贡缎、麻纱、绒坯布九大类。

另外,还有大量没归类的品种,如纱罗、灯芯绒、平绒、麦尔纱、巴里纱、起皱织物、羽绒布等。

(二)棉型织物的特点

棉型织物价格低廉,适用面广,是较好的内衣和婴幼儿夏季面料,也是大众化春秋外衣面料。棉织物的主要特性包括:①具有良好的吸湿性和透气性,穿着舒适;②手感柔软,光泽柔和质朴;③保暖性较好,服用性能优良;④染色性好,色泽鲜艳,色谱齐全,但色牢度不够好;⑤耐碱不耐酸,浓碱处理可使织物中的纤维截面变圆,从而提高织物的光泽,即丝光作用;⑥耐光性较好,但长时间曝晒会引起褪色和强力下降;⑦弹性较差,易产生折皱,且折痕不易回复;⑧易发霉变质,但抗虫蛀。

二、棉类织物代表品种

(一)平纹织物

1. 平布

平布按其所用纱线的线密度不同,可分为粗平布、中平布和细平布;按所用原料不同,可分为纯棉、黏纤、富纤、维纶、涤/棉、涤/黏、维/棉、丙/棉、黏/棉、黏/维等纯纺和化纤混纺平布。

(1) 粗平布。粗平布也称粗布,指经纱纬用 32 tex 及以上(18^S 及以下)的粗特纱线织造而成的平纹织物,特点是布面粗糙、手感厚实、坚牢耐用。

粗布的经纬用纱常由低等级棉花纺制而成,经纬密度约为 150~250 根/10 cm,面密度为 150~200 g/m²。常见的纯棉粗布品种的经纬纱以 41.7 tex(14^S)和 58.3 tex(10^S)为最多。经纱上浆多以淀粉为主。

粗布分本色布和坯布两种。本色粗布多用作包装材料;坯布则可加工为漂白布和染色布。坯布染色时,大多不必经过烧毛和丝光处理。漂白和染色后的粗布可制成衫、裤、床上用品、鞋面布,也可加工成油布、舟船篷帆、风车翼板等。

(2) 细平布。细平布也称细布,指经纬纱用 9.9~20.1 tex(29^S~59^S)的纱线织造而成的平纹织物。其特征是质地细腻、布面匀整、手感柔软等。常用棉纱做经纬,亦有用化纤或混纺纱的。经纬密度一般为 240~370 根/10 cm,面密度为 80~120 g/m²。

经纬用线密度相同或接近的细特纱,经向密度等于或略大于纬向密度,这样有利于布面组织点平整。经纬纱若用相同捻向,织纹清晰;若用相反捻向,则布面丰满。经纱上浆多以淀粉与羧甲基纤维素为主浆料,上浆率一般为 8%~12%。细布常见织疵为稀密路,影响染整加工质量。

细平布的规格多,用途广泛,通常经染整加工为漂布、色布、花布,供制作内衣、裤、罩衫、夏季外衣、床上用品、印花手帕和医药橡胶底布、电气绝缘布等。

(3) 中平布。中平布也称平布,是介于粗平布与细平布之间的平纹织物,采用 20.8~30.7 tex(19^S~28^S)的纱线织造而成。其特征是结构较紧密,布面匀整光洁。常用棉、黏胶纤维或各种纤维的混纺纱做经纬。经纬密度一般为 200~270 根/10 cm,面密度为 100~150 g/m²。

中平布分市布和坯布两种。市布以本色直接上市销售,供制作衫、裤、被里和衬布等,也可制作产业用布。坯布可加工成漂布、花布、色布,供制作衣服、床上用品等。

经纬纱常用 3~3.5 级的棉花纺制,布面棉结杂质较少。经纱线密度等于或略小于纬纱线密度,织物经向密度等于或略高于纬向密度。

(4) 黏纤平布。黏纤平布通常称人造棉布,是用黏胶短纤纱做经纬织成的平布。其特征是布面洁净,手感光滑、柔软,悬垂性好,具有良好的吸湿性,穿着舒适,但不耐水洗,缩水率大,保形性差。其印染成品色泽鲜艳,价格便宜。

黏纤纱纱身光洁,干强较低,湿强更低,耐磨性较差。经纱上浆用淀粉与羧甲基纤维素的混合浆,浆液为中性。

黏纤平布一般用作衫、裙、棉衣、被面和窗帘等装饰用布。洗涤时不宜搓拧和长时间浸泡在热水或碱液中。

(5) 富纤平布。富纤平布是用富强纤维纱做经纬织成的平布,具有布面洁净、手感光滑的特征。

富强纤维是高强高湿模量黏胶纤维的一种,在水中的溶胀度低,弹性回复率高,因此织物的尺寸稳定性较好,接近于棉织物。它比普通黏纤织物的湿强高,耐水洗性好,缩水率低。

(6) 涤/棉平布。涤/棉平布是采用聚酯短纤维与棉混纺纱做经纬织成的平纹织物,商业上称"棉的确良",具有布面光洁、手感滑爽、挺括免烫、易洗快干、耐穿等特点。涤、棉的混纺常用比例是 65∶35。涤纶含量在 60% 以下时为低比例混纺纱,涤/棉低比例(简称 CVC)平布的吸湿、透气等性能有所改善。

涤/棉平布常用 13 tex(45^S)纱做经纬,纬密一般略低于经密。

涤/棉混纺纱的吸湿性差,静电效应大,抗捻性强,滑移性大,毛羽、竹节多。经纱上浆用合成浆料,如聚乙烯醇、聚丙烯酸甲酯或变性淀粉与丙烯酸混合浆液,再经上蜡,以减少摩擦产生的静电,提高织造时经纱的开口清晰度;纬纱经过定捻处理,使捻度稳定,以防止纬纱退绕时扭结而产生织疵。

(7) 细纺。细纺是用特细的精梳棉纱或涤/棉纱做经纬织造而成的平纹织物。因其质地细薄,与丝绸中的纺类织物相仿,故称为细纺。细纺具有结构紧密、布面光洁、手感柔软、轻薄似绸的特点。

细纺的经纬纱均用优质长绒棉纺制,或与涤纶混纺制成混纺细纱,涤与棉的比例为 65：35、40：60、30：70。纱的粗细常因织物用途不同而异,一般为 6～10 tex(60^S～100^S)。织物经纬向紧度为 30%～45%。经纬纱均经精梳工艺,纱身光洁,单纱强力低。经纱上浆应重视渗透性,纯棉宜选淀粉浆或与化学浆料的混合浆液,涤/棉混纺纱可用合成浆料或合成浆料与变性淀粉的混合浆液。

细纺用途分衣着和刺绣两大类,衣着用纱常为 6～7.5 tex(80^S～100^S),刺绣用纱一般为 7.5～10 tex(60^S～80^S)。细纺经防缩防皱整理后,不缩不皱、快干免烫,且吸湿性良好,穿着舒适,适用于制作夏季衬衫。刺绣用细纺,密度稍稀,通过刺绣加工成手帕、床罩、台布、窗帘等装饰用品。

2. 府绸

府绸是指布面呈现由经纱构成的菱形颗粒效应的平纹织物,其经密高于纬密,比例约为 2：1 或 5：3。

府绸的特点是质地轻薄、结构紧密、颗粒清晰、布面光洁、手感滑爽、有丝绸感等。

府绸品种繁多,按原料分,有纯棉府绸、涤/棉府绸、棉/维府绸;按染整加工工艺分,有漂白府绸、染色府绸、印花府绸、防缩府绸、防雨府绸和树脂府绸等;还有以色纱织造的条格府绸和以平纹组织为基础的小提花府绸等。府绸用途颇广,主要用于缝制男女衬衫、儿童服装、风衣、雨衣和外衣等。

府绸经纬纱的粗细配置与其外观效应关系密切,用纱一般是经纬纱粗细相同或纬纱略粗于经纱,纱府绸为 10～29 tex(20^S～60^S),线府绸为 5 tex×2～14 tex×2($42^S/2$～$120^S/2$)。经向紧度为 61%～80%,纬向紧度为 35%～50%,经纬向紧度比例约为 5：3。织物纬密不宜过低,以免影响织物的纬向撕破强度。

纯棉府绸的染整加工中,前处理工艺要十分注意,尤其是紧度较高的府绸,必须退浆要净、煮练要透、漂白要好、丝光要足,这样才能获得晶莹、艳丽的色泽、均匀的满地花纹及突出的颗粒效应。纯棉府绸进行洗可穿整理时,要注意对染色牢度的影响,控制好甲醛的释放量。

(1) 纱府绸。纱府绸是经纬纱都用单纱织成的府绸,有普梳、半精梳和精梳三种。纱府绸的经纬纱均为 10～29 tex(20^S～60^S),经纬纱粗细配置比较接近。经向紧度为 61%～75%,纬向紧度为 40%～50%,经纬向紧度比例约为 1.7：1。经密为 395～540 根/10 cm,纬密为 235～280 根/10 cm。面密度为 110～125 g/m²。

纯棉纱府绸品种较多,市场销售量最大的是以 14.6 tex(40^S)纱做经纬的纱府绸。

(2) 线府绸。线府绸是用股线织成的府绸。以股线为经、单纱为纬的称为半线府绸;经纬均为股线的称为全线府绸。其特点是布面光洁、手感滑爽、菱形颗粒清晰、丝绸感强、吸湿透气等。常见的纯棉线府绸用 9.7 tex×2($60^S/2$)精梳股线织造而成;半线府绸用 13.8 tex×2($42^S/2$)股线做经,20.8 tex(28^S)单纱做纬织造而成。高级纯棉线府绸则用优质长绒棉经精梳工艺纺制的 4.9 tex×2～7.3 tex×2($80^S/2$～$120^S/2$)股线织造而成。

线府绸的经纱一般不上浆,在浆纱机上进行湿并、烘干,卷绕成织轴。特细股线可用淀粉或其他化学浆料上薄浆,上浆率为 3%～5%,以提高可织性。

纯棉线府绸具有良好的服用性能,可制成衬衫、睡衣、罩衣、床罩、枕套等。高级纯棉线府绸经过防缩、防皱、免烫等整理,用以制成高级衬衫。

(3) 涤/棉府绸。涤/棉府绸是用涤纶与棉的混纺纱织成的府绸。其组织结构与纯棉府绸基本相似,经纬用涤/棉混纺纱,涤、棉混纺比为65∶35,亦有用低于50%的涤纶与棉混纺的低比例混纺纱。

涤/棉府绸的突出特点是挺括不皱、易洗快干、洗后免烫,并且耐穿,但吸湿性和穿着舒适性不及纯棉府绸,可采用低比例混纺纱加以改善。

涤/棉府绸的经纱上浆用合成浆料或化学浆料与淀粉浆的混合浆。

3. 麻纱

麻纱是布面呈现宽狭不等的细直条纹的轻薄织物,因手感挺爽如麻而得名。其特点是条纹清晰、薄爽透气、穿着舒适等。常见的麻纱多为纯棉或涤/棉织物。经纬纱均为13～19.5 tex(30^s～45^s)。特克斯制捻系数配置:经纱为380～400,纬纱为285～310。这样可保持织物爽挺。普通麻纱组织多为纬重平(平纹变化组织)。经向紧度为40%～55%,纬向紧度为45%～55%。

织造麻纱时,改变技术条件或生产工艺,可得到具有特殊外观效应的品种,如柳条麻纱、异经麻纱、提花麻纱。常见麻纱的织造工艺与细平布相仿,只是穿经方法不同。

麻纱织物由于组织结构的原因,其纬向缩水率较经向大,在染整加工中,丝光时应加强扩幅作用,缝制衣服时要留用余量。麻纱经耐久性挺括整理后,能进一步体现出麻类织物的风格特征。

麻纱产品有漂白、染色、印花三种。漂白、染色麻纱可作衬衫和两用衫,印花麻纱是妇女和儿童的夏令上衣、连衫裙衣料。

4. 防绒布

常见的防绒布多用精梳棉纱或涤/棉混纺细特纱织成。织物组织多为平纹或双经单纬的纬重平组织。平纹组织选用棉纱或涤/棉混纺纱做经纬;纬重平组织选用纯棉股线做经,涤纶低弹长丝或涤/棉混纺纱做纬。

经纬纱粗细一般相同或接近。平纹防绒布的经纬纱为13～29 tex(20^s～45^s);纬重平防绒布的经纱为J7.5 tex×2～J10 tex×2($J60^s/2$～$J80^s/2$),纬纱为166.5 dtex(150 den)涤纶低弹长丝或16～18 tex(32^s～36^s)涤纶短纤纯纺纱,以及涤/棉混纺纱。织物的总紧度在88%以上,经向紧度和纬向紧度分别为73%和53%以上。

防绒布的生产工艺一般与府绸相仿。但防绒布的经密高、纱线细,为了减少断经,提高织机效率,宜用合成浆料上浆,如聚乙烯醇或与其他化学浆料的混合浆。

防绒布是用作羽绒服装、羽绒被等面料的织物,通常称为羽绒布,具有结构紧密、透气量小、防羽绒钻出性强等特点。防绒布坯可以加工成深/浅杂色,供缝制滑雪衫、夹克衫、羽绒服装、羽绒被、睡袋等。

(二) 斜纹织物

用斜纹组织,以及在斜纹组织的基础上,分别采用添加经纬组织点、改变织纹斜向、飞数或同时采用这两种方法变化而成的多种斜纹变化组织,如加强斜纹、复合斜纹、角度斜纹、山形斜纹和破斜纹等组织,而织成的织物,统称为斜纹织物。

斜纹织物品种较多,如斜纹布、哔叽、华达呢、卡其等,常用作服装面料。

1. 斜纹布

(1) 纱斜纹。纱斜纹是经纬均用单纱,以2/1的斜纹组织织造,布面呈现相邻经纱的经组织点排列,由右下方向左上方倾斜织纹的斜纹布(左斜纹)。它具有质地松软、正面纹路明显的特点。

纱斜纹的经纬多用24.3～41.7 tex(14^s～24^s)棉纱。经密一般为315～374根/10 cm

(80~95 根/in),纬密为 196.5~275.5 根/10 cm(50~70 根/in)。经向紧度为 60%~80%,纬向紧度为 40%~55%,经纬向紧度比约为 3∶2。面密度为 150~180 g/m²。

本色纱斜纹大多用作鞋夹里、金钢砂布底布和衬垫布;漂白和杂色纱斜纹常用作工作服、制服、运动服等;阔幅纱斜纹经漂白和印花后可用作床单。

(2)线斜纹。线斜纹是经纬均用线,以 $\frac{2}{1}$ 斜纹组织织成,布面呈现相邻经纱的经组织点排列,由左下方向右上方倾斜织纹的斜纹布(右斜纹)。它具有布面光洁、质地松软、手感厚实、耐穿等特点。

线斜纹的主要品种中,经纱多用 18×2 tex(32^S/2),纬纱用 28 tex(21^S)棉纱;经密一般为 263.5~452.5 根/10 cm(67~115 根/in),纬密为 236 根/10 cm(60 根/in)或 212.5 根/10 cm(54 根/in)。由于经向用股线,所以不上浆,采用湿并工艺。本色线斜纹经染整加工后,可用作工作服等。

(3)粗斜纹。粗斜纹是经纬用 32 tex 以上(18^S 以下)的单纱织成的斜纹布,具有织纹粗壮、手感厚实、质地坚牢等特点。本色粗斜纹可用作篷帆、金钢砂布底布,漂染后可制作运动裤、工作服等。

(4)细斜纹。细斜纹是经纬用 30 tex 及以下(19^S 及以上)的单纱,以 2/1 斜纹组织织成的斜纹布,具有织纹细密、质地较薄、手感柔软等特点。

本色细斜纹一般加工成印花斜纹布。大花斜纹布可制作被面,小花斜纹布可制作儿童服装和女罩衫等。

2. 哔叽

哔叽是经纬用纱或线,以 2/2 加强斜纹组织织成的斜纹织物,是由毛织物移植为棉织物的品种。其质地柔软,正反面织纹相同,倾斜方向相反。

哔叽的经纬纱线密度和密度比较接近,使斜纹倾角约为 45°。经向紧度为 55%~70%,纬向紧度为 45%~55%,经纬向紧度比例约为 6∶5。纱哔叽的总紧度在 85% 以下,线哔叽的总紧度在 90% 以下。

纱哔叽的经纬采用 28~32 tex(18^S~21^S)单纱织造的较多。经密为 310~340 根/10 cm,纬密为 220~250 根/10 cm。经染整加工成印花、杂色,其中深色印花哔叽为主要产品,用作被面;印有小花朵、几何图案、条格花型的小花纱哔叽,主要用作妇女儿童服装等。

线哔叽多用 14 tex×2~18 tex×2(32^S/2~42^S/2)织造;半线哔叽常用 28~36 tex(16^S~21^S)单纱做纬。经密为 320~360 根/10 cm,纬密为 220~250 根/10 cm。线哔叽一般加工成杂色,其中以黑色为主,藏青、蓝色次之。黑色线哔叽用作棉衣、夹衣面料,藏青等色多用作外衣面料,是我国部分少数民族喜爱的传统产品。

3. 华达呢

华达呢是斜纹类棉型织物,也来源于毛织物,经移植为棉型织物后仍沿称"华达呢"这个名称。它具有斜纹清晰、质地厚实而不硬、耐磨而不易折裂等特点。

华达呢多用棉或涤/黏中长等混纺纱线织造,一般单纱用中特纱,股线用细特纱并股。组织为 2/2 加强斜纹,织物正反面织纹相同,但斜纹方向相反。经纬密度配置,一般经密高于纬密,比例约为 2∶1。常见的华达呢多为半线织物,即线经纱纬;也有用单纱做经纬的,称为纱华达呢,但不多见。

常见线华达呢纱线配置,一般经为 14 tex×2 ~18 tex×2($32^S/2$~$42^S/2$),纬为 28~36 tex(16^S~21^S)。织物经向紧度为 75%~95%,纬向紧度为 45%~55%,经纬向紧度比约为 2∶1,总紧度为 90%~97%。经密为 401.5~488 根/10 cm(102~124 根/in),纬密为 204.5~259.5 根/10 cm(52~66 根/in)。

华达呢织坯经染整加工成藏青色、黑色、灰色等色布,适宜制作春秋季男、女外衣裤等。

4. 卡其

卡其是高紧度的斜纹织物,具有质地紧密、织纹清晰、手感厚实、挺括耐穿等特点。"卡其"一词原为南亚次大陆乌尔都语,意为"泥土"。由于军服最初采用一种名为"卡其"的矿物染料染成类似泥土的保护色,后遂以此染料名称统称这类织物。近现代,这类织物已不限于仅用这种矿物染料,而是用各种染料染成多种杂色,供制作民用服装。

纯棉卡其的染整加工应采用平幅加工方式,以免产生折痕。但由此引起的经向缩水率较大,染色易产生批差。常需经柔软整理和机械预缩整理。优质防缩卡其的经纬向缩水率应小于 1%;一般预缩卡其的经纬向缩水率均应小于 3%。卡其经染整加工后,漂白的多用作制服、运动裤,杂色的宜作男女外衣,特细卡其为理想的衬衫面料。

不同种类卡其的组织及常用规格如下:

(1) 单面卡其。单面卡其的经纬用单纱或股线,以 $\frac{3}{1}$ 斜纹组织织造而成,具有正面织纹粗壮突出而反面不甚明显(故称单面卡其)、质地紧密厚实、手感挺括的特点。纱卡其的织纹倾斜向左,线卡其向右。

经纬单纱:28~58 tex(21^S~10^S),经纬纱粗细可以相同或经细纬粗。

单面线卡其:经用股线 14 tex($42^S/2$)、16 tex×2($36^S/2$)、19.5 tex×2($30^S/2$),纬纱用粗细与经纱相同或稍粗的单纱或股线,经密高于纬密。

常见单面卡其产品的实际经向紧度为 72.4~95.6%,纬向紧度为 43.6%~61.6%,经纬向紧度比约为 1.71∶1。若经向紧度超过 100%,不利于改善织物折磨强度。

(2) 双面卡其。双面卡其的经纬用股线或经线纬纱,以 $\frac{2}{2}$ 加强斜纹组织织造而成,正反面织纹相同、斜向相反,具有织纹细密、布面光洁、质地厚实、手感挺括、耐穿等特点。

经纬常用线棉纱或涤/棉混纺纱,以高经密与低纬密配置。

常见双面卡其产品中,半线卡其的经向紧度为 90.8%~114.3%,纬向紧度为 44.7%~56.3%,经纬向紧度比约为 1.92∶1;全线卡其的经向紧度为 92.2%~106.4%,纬向紧度为 49.3%~57%,经纬向紧度比约为 1.80∶1。紧度过高的双面卡其,染化料不易渗透到纱线内部,成衣后易在折边处磨损断裂。因此,经向紧度宜选 95%左右,经纬向紧度比宜选 1.4∶1~1.6∶1。

精梳特细双面卡其宜作内衣和男女春秋衫,亦可作高级风衣和雨衣面料。

(3) 涤/棉卡其。涤/棉卡其是经纬用涤/棉混纺纱或股线织成的卡其,简称涤卡,具有布面光洁、织纹清晰、质地紧密、挺括耐穿、易洗快干、免熨抗皱、尺寸稳定等特点。

(三) 缎纹织物

1. 直贡

直贡是以 5 枚经面缎纹组织织成的缎纹织物。织物表面大多被经纱浮长覆盖,厚者具有毛织物的外观效应,故又称直贡呢;薄者具有丝绸缎类的风格,故又称直贡缎。直贡具有布面光洁、富有光泽、质地柔软、经轧光后与真丝缎有相似外观效应的特点。

直贡有纱直贡和半线直贡之分,多以天然棉纤为原料。经纬一般为中/细特纱,线密度相同或经纱线密度小于纬纱,以突出经纱效应。

直贡经过染整加工时,因表面浮长较长而容易起毛,要尽可能减少摩擦,一般还需经电光或轧光整理。色直贡主要用作外衣和鞋面料,印花直贡主要用作被面、服装面料及家用装饰织物。

(1) 纱直贡。纱直贡是直贡的一个主要品种,原料多用棉纱。

(2) 线直贡。线直贡是以线经纱纬织成的直贡,具有布面光洁、缎纹线清晰、质地厚实等特点。常见线直贡多为纯棉织物,经纱为 $13.8\ \text{tex}\times 2(42^S/2)$,纬纱为 $27.8\ \text{tex}(21^S)$。经密为 $350\sim370$ 根/10 cm($89\sim94$ 根/in),纬密为 $240\sim271.5$ 根/10 cm($61\sim69$ 根/in)。

线直贡多用阿尼林黑或硫化黑染料染成黑色,供制作老年男/女服装和鞋面等。

2. 横贡

横贡是用纬面缎纹组织织成的缎纹织物,由于纬纱浮长显现于织物表面而具有绸缎的风格,故又称横贡缎。横贡具有表面光洁、手感柔软、富有光泽、有丝织品"缎"的外观效应等特点。

横贡的经纬多用纯棉精梳纱,经纬纱粗细以相同配置为多。经纬纱线密度一般为 $J14.6\ \text{tex}(J40^S)$。织物纬密高于经密。纬向紧度为 $65\%\sim80\%$,经向紧度为 $45\%\sim55\%$,经纬向紧度比例约为 2:3。织物组织一般采用 5 枚 3 飞、5 枚 2 飞的纬面缎纹组织。

横贡要求原纱条干均匀、粗细节少、棉结少而小。纬纱宜用较低捻度,捻向与缎纹线一致,以保持良好的光泽。

横贡是棉织物中的高档产品,主要为印花织物,其次为染色织物,需经耐久性电光等整理工艺。横贡在加工过程中容易产生卷边,染整时应采取防范措施,如添装倒转螺旋辊、剥边器,以及减少两辊间距离等。其印花品种适宜制作妇女衣裙、儿童棉衣和羽绒被面料等;染色品种除用作服装面料外,还可用作室内装饰。

(四)绒类

1. 绒布

绒布是由一般捻度的经纱与较低捻度的纬纱交织而成的坯布,再经拉绒机拉绒后表面呈现蓬松绒毛的织物。以拉绒面的不同,可分为单面绒布和双面绒布。它具有手感松软、保暖性好、吸湿性强、穿着舒适等特点。

绒布的绒毛丰满程度取决于织物组织、经纬纱线密度配置、经纬向紧度和纬纱捻系数等因素。一般经用中特纱,纬用粗特纱。纬纱特克斯制捻系数为 $265\sim295$,以便于拉绒。经向紧度为 $30\%\sim50\%$,纬向紧度为 $40\%\sim70\%$,经纬向紧度比约为 2:3。纬向紧度大于经向紧度,拉绒后布面绒毛短而密,不易显露组织点。

由于纬密较低,织物经染整加工后,纬向收缩率为 $11\%\sim16\%$。染整一般采用轻煮练、重退浆工艺,以提高起绒质量。

绒布品种繁多,按织物结构分,有平纹绒布、斜纹绒布、哔叽绒布、提花绒布、厚绒布、薄绒布;按绒面色彩分,有漂白绒布、印花绒布和杂色绒布等。绒布一般用作男女冬季衬衣、儿童服装、衫里等。

2. 灯芯绒

灯芯绒是割纬起绒、表面形成纵向绒条的织物。因绒条像一条条灯草芯,故称为灯芯绒,又称条绒,1750年首创于法国里昂。它具有绒条丰满、质地厚实、耐磨耐穿、保暖性好等特点。

灯芯绒由一组经纱和两组纬纱交织而成。其中,一组纬纱(称为地纬)与经纱交织构成固结绒毛的地组织;另一组纬纱(称为绒纬)与经纱交织构成有规律的浮纬,呈现一列列毛圈,经割断、刷绒整理后,形成耸立的绒条。

灯芯绒原料一般以棉为主,也有和涤纶、腈纶、氨纶等纤维混纺或交织的。灯芯绒使用的纱线范围广泛,经纱常用 18~48 tex(32^s~12^s)单纱,或 10 tex×2~28 tex×2($60^s/2$~$21^s/2$)股线;纬纱常用 14.5~36 tex(40^s~16^s)单纱。地纬与绒纬的排列比为 1∶2 和 1∶3 时,织物绒毛较丰满。

灯芯绒属于高纬密织物,经向紧度为 45%~60%,纬向紧度为 105%~180%,经纬向紧度比例为 1∶2.2~1∶3.5。

绒坯割绒后,绒毛有顺反之别,染整加工以顺毛方向进行,可使绒毛有较好光泽。各箱绒坯的连接(缝头)必须用箭头标出,确保染整加工各工序均按顺毛方向进行。裁制服装时也应考虑绒毛方向,以防止产生阴阳面。

灯芯绒用途广泛,适宜制作秋冬季外衣、鞋帽面料,以及幕布、窗帘、沙发面料等装饰用品。

(1) 粗细条灯芯绒。按绒条粗细分,灯芯绒有特细条(大于 19 条/2.54 cm)、细条(15~19 条/2.54 cm)、中条(9~14 条/2.54 cm)、粗条(6~8 条/2.54 cm)、宽条(小于 6 条/2.54 cm),以及间条(粗细相间)灯芯绒等。一般,粗条灯芯绒经向用股线,纬向用单纱;中条灯芯绒经纬向均用单纱;细条灯芯绒可用单纱,也可用股线。

(2) 弹性灯芯绒。经纱或地纬用具有高弹性的氨纶包芯纱,绒纬用纯棉纱织成的灯芯绒,分经向弹性灯芯绒和纬向弹性灯芯绒。一般规定弹性伸长率不大于 15%。

经向弹性灯芯绒的经纱是芯为 100 dtex(90 den)氨纶长丝、外包棉纤维的 28 tex(21^s)的氨纶包芯纱,地纬和绒纬用 28 tex(21^s)纯棉纱。经纱上浆用淀粉浆,并提高上浆率(即重浆),使经纱暂时失去弹性伸长,保证织机开口正常。染整加工必须采用松式工艺,不能有任何轧点。

纬向弹性灯芯绒的经纱、绒纬均为纯棉纱,常用规格为 36 tex(16^s)纯棉纱,地纬为 28~36 tex(16^s~21^s)氨纶包芯纱。织物经密为 161 根/10 cm(41 根/in),纬密为 629.5 根/10 cm(160 根/in)。

氨纶丝的加入,可提高服装穿着的舒适性,可制成合体紧身的服装;有利于地布结构紧密,防止灯芯绒掉毛;可提高服装的保形性,改善传统棉织服装的拱膝、拱肘现象。

弹性灯芯绒常用作牛仔裤等服装。

3. 平绒

平绒是采用起绒组织织造。再经割绒整理,在织物表面形成短密、平整绒毛的棉织物。其特点是绒毛丰满平整、质地厚实、手感柔软、光泽柔和、耐磨耐用、保暖性好、富有弹性、不易起皱。平绒在室内装饰中主要用于外包墙面或柱面及家具的坐垫等部位,近年来主要用于高档汽车装潢。

平绒根据起绒纱线不同分为两类:以经纱起绒的称为经平绒(割经平绒);以纬纱起绒的称为纬平绒(割纬平绒)。

(1) 经平绒。由两组经纱(绒经和地经)与一组纬纱交织成双层织物,绒经经剖割后,成为两幅有平整绒毛的单层经平绒。

(2) 纬平绒。纬平绒由一组经纱与两组纬纱(绒纬和地纬)交织,绒纬经剖割后,在布面形成平整绒毛,与灯芯绒类似。地组织多用平纹,也有用斜纹的。绒毛固结一般用V型固结法,地纬与绒纬的排列比为1:3。它与灯芯绒的区别是:绒纬的组织点以一定的规律均匀排列,经浮点彼此错开。因此,纬密可比灯芯绒大,织物紧密,绒毛丰满。纬平绒主要用作衣料和装饰等。

三、棉类织物主要生产工序与任务

(一) 纺纱工艺流程

普梳系统:配棉→开清棉→梳棉→头并→二并→粗纱→细纱。

精梳系统:配棉→开清棉→梳棉→精梳准备→精梳→头并→二并→粗纱→细纱。

(二) 机织工艺流程

经纱:络筒→整经→浆纱→并轴→分绞→穿结经
纬纱:(有梭织机)络筒→定形→卷纬 }织造→检验→打包
　　　(无梭织机)络筒

(三) 各主要工序任务

1. 配棉

根据成纱质量的要求和原棉的性能特点,将各种不同成分的原棉搭配使用。

2. 开清棉

(1) 开松。将棉包中压紧的块状纤维开松成小棉块或小棉束。

(2) 除杂。去除原棉中50%~60%的杂质。

(3) 混合。将各种原料按配棉比例充分混合。

(4) 成卷。制成一定质量、一定长度且均匀的棉卷,供下道工序使用;采用清梳联时,则输出棉流到梳棉工序各台梳棉机的储棉箱中。

3. 梳棉

(1) 梳理。将小棉束、小棉块梳理成单纤维状态。

(2) 除杂。除去小棉块内的细小杂质及带纤维籽屑。

(3) 均匀混合。将不同成分的原棉进行混合,并使输出品均匀。

(4) 成条。制成符合一定规格和质量要求的棉条,圈放在棉条筒内。

4. 精梳准备

(1) 提高小卷中纤维的伸直度、平行度与分离度,以减少精梳时的纤维损伤和梳针折断,减少落棉中长纤维的含量,有利于节约用棉。

(2) 制成容量大、定量正确、卷绕紧密、边缘整齐、层次清晰的小卷,供精梳机加工。

5. 精梳

(1) 排除短纤维,以提高纤维的平均长度及整齐度。

生条中的短绒含量占12%~14%,精梳工序的落棉率为13%~16%,可排除生条短绒40%~50%,从而提高纤维的长度整齐度,改善成纱条干,减少纱线毛羽,提高成纱质量。

(2) 排除条子中的杂质和棉结,提高成纱的外观质量。

精梳工序可排除生条中的杂质50%~60%,棉结10%~20%。

(3) 使条子中的纤维伸直、平行和分离。

梳棉生条中的纤维伸直度仅为50%左右,精梳工序可把纤维伸直度提高到85%～95%,有利于提高纱线的条干、强力和光泽。

(4) 并合均匀,混合、成条。

6. 并条

(1) 并合。将6～8根棉条并合喂入并条机,以改善条子长片段不匀率。生条的质量不匀率约为4.0%,经过并合后熟条的质量不匀率可降到1%以下。

(2) 牵伸。为了不使并合后制成的棉条变粗,须经牵伸使之变细。牵伸可使弯钩呈卷曲状态的纤维平行伸直,并使小棉束分离为单纤维,改善棉条结构。

(3) 混合。通过各道并条机的并合与牵伸,可使各种不同性能的纤维得到充分混合。

(4) 定量控制。通过对条子定量的微调,将熟条的质量偏差率控制在一定范围内,保证细纱的质量偏差率符合要求,并降低细纱的质量不匀率。

(5) 成条。将并条机制成的棉条有规则地圈放在棉条筒内。

7. 粗纱

(1) 牵伸。将棉条抽长拉细,成为粗纱。

(2) 加捻。给粗纱加上一定的捻度,提高粗纱强力,以避免卷绕和退绕时的意外伸长,并为细纱牵伸做准备。

(3) 卷绕。将加捻后的粗纱卷绕在筒管上,制成一定形状和大小的卷装,以便储存、搬运和适应细纱机上的喂入。

8. 细纱

(1) 牵伸。将粗纱牵伸到所要求的线密度。

(2) 加捻。使纱条具有一定的强力、弹性和光泽。

(3) 卷绕。将细纱卷绕成管纱,以便于运输和后加工。

9. 络筒

络筒是将原料纱线加工成容量较大、成形良好的筒子纱(无边或有边筒子),有利于后道工序加工的卷装形式。在络筒过程中可检查条干均匀度,剔除纱线上的疵点,如粗节、细节、棉结、弱捻等。

10. 整经

整经是将一定根数的经纱,按工艺规定的长度和幅宽,以适宜、均匀的张力平行卷绕在经轴或织轴上的过程。

11. 浆纱

浆纱工序在纱线表面形成浆膜,使纱线光滑、毛羽贴伏,加强纤维之间的黏结抱合力,赋予经纱抵御外部机械作用的能力,提高经纱的可织性。

12. 定形

定形工序是稳定纱线的捻度,以减少织造过程中的纬缩、脱纬和起圈现象。

13. 卷纬

卷纬是将筒子卷绕的纬纱卷绕成适合有梭织机使用的纡子,在卷纬机上进行。

14. 分绞

分绞是指用分绞线将经纱一上一下顺序、交替地排列起来,目的是避免经纱次序交错紊乱,便于后道工序理清经纱。分绞采用自动分绞机。

15. 穿结经

穿结经是穿经和结经的统称。

穿经是在机下将织轴上的经纱,按照织物的规格要求(上机图的规定)依次穿过停经片、综丝、钢筘。穿经方式有手工穿经、半自动穿经和全自动穿经机穿经三种。

结经是在机上将新上机织轴的经纱与机上了机的经纱,按照规定的顺序依次对接,然后拉过综丝、钢筘。结经方式有手工结经和全自动结经机结经两种。

16. 织造

织造是将准备工序的半成品(织轴和纬纱),按织物的组织规律在织机上互相交织,制成符合一定规格要求的织物。

织机按照引纬方式不同可分为有梭织机和无梭织机,其中无梭织机有剑杆织机、喷水织机、喷气织机和片梭织机。

任务三 麻类纺织品种识别

一、麻纺织品种类及特点

(一) 麻纤维及其主要特性

1. 麻纤维种类

麻纤维是从各种麻类植物上获得的纤维的统称,包括一年生或多年生草本双子叶植物的韧皮纤维和单子叶植物的叶纤维。麻纤维是人类最早用于衣着的纺织原料。韧皮纤维是从一年生或多年生草本双子叶植物的韧皮层中取得的纤维。这类纤维品种繁多,纺织中采用较多,经济价值较大的有苎麻、亚麻、黄麻、洋麻、大麻、苘麻、荨麻和罗布麻等。其中,苎麻、亚麻、罗布麻等胞壁不木质化,纤维的粗细长短同棉相近,可做纺织原料,织成各种凉爽的细麻布、夏布,也可与棉、毛、丝或化纤混纺;黄麻、槿麻等韧皮纤维胞壁木质化,纤维短,只适宜纺制绳索和包装用麻袋等。叶纤维比韧皮纤维粗硬,只能制作绳索等。麻类作物还可制取化工、药物和造纸的原料。

2. 麻纤维主要组成成分

麻纤维的主要化学组成为纤维素,并含有一定数量的半纤维素、木质素和果胶等。麻的品种不同,其各种物质的含量也有所不同。纤维素是麻纤维的主要化学成分。与棉纤维相比,麻纤维中纤维素的含量较少。麻纤维中,大麻纤维的纤维素含量较高,而罗布麻纤维的纤维素含量较低。麻皮中含有果胶物质。它是一种含有酸性、高聚合度、胶状碳水化合物的混合物,化学成分较为复杂,与半纤维素一样,属于多糖类物质。木质素在植物中的作用主要是给植物一定的强度。麻纤维中木质素的含量多少直接影响纤维的品质。木质素含量少的纤维光泽好,柔软而富有弹性,可纺性能及印染时的着色性能均好。根据纺纱工艺的要求,麻纤维中的木质素含量越低越好,即在麻纤维脱胶中除去的木质素越多,越有利于工艺加工。麻皮中还含有脂肪、蜡质和灰分等。麻纤维中还含有少量的氮物质、色素等,这些物质都能溶于 NaOH 溶液中。

3. 麻纤维的主要特性

麻纤维中木质素和胶质的存在，使麻纤维手感较为刚硬，尤其是剑麻、黄麻和洋麻。大麻纤维是麻类纤维中最细软的一种。麻纤维的柔软度与麻的品种、栽培和生长环境密切相关，与脱胶程度也有关系。纤维柔软度高，可纺性能好，断头率较低。麻纤维的大分子聚合度一般在1万以上，纤维的结晶度和取向度也很高，使纤维的强度高、伸长小。麻纤维是主要天然纤维中拉伸强度最大的纤维。如苎麻的单纤维强度为 5.3～7.9 cN/dtex，断裂长度可达 40～55 km，且湿强大于干强；亚麻、黄麻的强度也较大。但麻纤维受拉伸后的伸长能力是主要天然纤维中最小的。如苎麻、亚麻、黄麻的断裂伸长率分别为 2%～3%、3% 和 0.8% 左右。麻纤维的弹性较差，用纯麻织物制成的衣服极易起皱。麻纤维的吸湿能力比棉强，且吸湿与散湿的速度快。黄麻的吸湿能力更佳，在标准大气条件下，回潮率可达 14% 左右，故宜做粮食、糖类等包装材料，既通风透气又可保持物品不受潮。麻纤维的化学稳定性与棉相似，较耐碱而不耐酸。

（二）麻纺织品种及特点

麻纺织品指以麻纤维纯纺或与其他纤维混纺制成的纱线和织物，也包括各种麻的交织物。由于麻纤维本身比较粗硬，麻纺织品主要应用于工业、装饰及外衣类产品。随着染整技术的不断发展与进步，麻类纺织品在服饰领域的应用范围越来越广，麻纺织品的舒适性也不断得到提高。

1. 苎麻纺织品

以纯纺为主，也可与其他纤维（如涤纶、棉等）混纺、交织。纯苎麻产品因具有吸湿散热快、布身挺爽透气、抗菌防腐等特点，倍受消费者的青睐。苎麻织物挺爽透气，适宜制作夏季服装、床单、被褥、蚊帐和手帕等，也可用作有特殊要求的国防和工农业用布，如皮带尺、过滤布、钢丝针布的基布、子弹带、水龙带等。苎麻织物的抗皱性和耐磨性较差，折缝处易磨损，吸色性也较差，表面毛茸较多，如作为衣着或家纺织物，使用前宜先浆烫。近年来，苎麻产品越来越趋向高档化，由纯苎麻大提花织物制成的床单、台布及苎麻装饰布的需求量也越来越大。苎麻混纺织品主要用作服装面料及家用纺织品，可用于制作夏季及热带地区的服装和工作服等。

2. 亚麻纺织品

以纯纺为主，也可与其他纤维混纺、交织。油用亚麻（俗称胡麻）因纤维粗硬，一般用于粗织物。亚麻制品具有显著的抑菌作用，对绿脓杆菌、白色念珠菌等国际标准菌株的抑菌率可达65%以上，对大肠杆菌和金色葡萄球菌珠的抑菌率高达90%以上。亚麻织物的透气比率高达25%以上，因而其导热性能和透气性极佳，并能迅速而有效地降低皮肤表层温度 4～8 ℃。亚麻纤维平直光洁，使得亚麻制品易于清洁。亚麻纺织产品中含有的半纤维素是吸收紫外线的最佳物质。与其他织物相比，亚麻制品能减少人体的出汗。亚麻纺织品的吸水速度比绸缎、人造丝织品甚至棉布快几倍。亚麻是所有纺织纤维中阻燃效果最好的纤维，消防队用的水龙带、消防队员穿的防火服，都是亚麻纤维制造的。在国外，高级宾馆的房间必须用亚麻布装饰。

因大麻纤维的性状与亚麻相似，在欧洲常用作亚麻的代用品。在我国，大麻尚未用作纺织原料，仅用作民用手工线和绳索等。

3. 黄麻纺织品

黄麻在传统上一直用来制造包装材料，后来人们研究开发了许多新用途，包括纸浆、纸、纸制品、黄麻合成物、木或塑料替代品、非织擦布、医用纱布、吸收布、枕芯、绷带、绝缘物等。最近，应用于汽车、家具、床上用品的非织黄麻，以及用于家庭装修的黄麻合成物取得了新的进展。黄麻的广泛用途将促进黄麻产业的深入发展。黄麻量多价低，可替代一些中低档亚麻、苎麻产品,成本平均可降低 20%~45%,具有"麻的质量、棉的价格",能为我国纺织服装业创造更多的利润。

4. 叶纤维纺织品

为硬质纤维纺织品,以剑麻或蕉麻为原料。除国外有少量用于编织麻袋布等粗织物外,一般用于纺制绳、缆等,供船用、渔业和其他工业用,其绳、线产品在我国称为"白棕绳"。

二、麻类织物代表品种

麻织物是指用麻纤维纺织加工而成的织物,包括麻与其他纤维混纺或交织的织物。麻织物是人类使用最早的纺织品,从考出土文物看,早在 8 000 多年前,埃及已经使用亚麻织物,墓穴中木乃伊的裹尸布竟长达 900 多米。6 000 多年前的新石器时代,我们祖先已用葛藤(又称葛麻)纤维纺织衣料。我国江苏省吴县草鞋山遗址中出土的葛布残片,是目前发现的我国最早的纺织品。

根据麻纤维种类不同,可将麻织物归纳为三大类,即苎麻类织物、亚麻类织物和黄麻类织物,包括它们的纯纺织物、各种混纺织物及交织物。各类麻织物的用途虽不同,但一般多用作衣着、装饰、国防、工农业用布和包装材料等。

(一) 苎麻织物

苎麻的单纤维特别长,最长可达 600 mm,但整齐度极差,平均长度仅为 60 mm 左右,因此,在纺纱过程中必须采取切断或拉断工艺,并要经过精梳工艺,以去除短纤维,改善其可纺性。供衣着和家纺用的苎麻织物分为长苎麻织物、短苎麻织物和中长苎麻织物三类,以长苎麻织物为主。

1. 长苎麻织物

以纯纺为主,其代表性品种为 27.8 tex×27.8 tex(36 公支×36 公支)的平纹、斜纹或小提花织物,大多是漂白布,也有浅杂色和印花布。中国的抽绣品,如床单、被套、台面等,常以苎麻织物为基布。也有采用 20.87 tex(48 公支)、16.7 tex(60 公支)、13.9 tex(72 公支)甚至 10 tex 以下(100 公支以上)的纱线织成的精细苎麻布。有的采用未经缩醛的维纶与苎麻混纺纱,织成织物后再溶除维纶,制成精细的纯苎麻织物。也有苎麻与化纤混纺或交织产品,如苎麻与涤纶混纺,既有苎麻的凉爽透气的特性,又有涤纶的挺括、耐磨、坚牢等优点。

2. 短苎麻织物

用苎麻精梳落麻或切断成棉型长度(一般为 40 mm)的苎麻为原料的织物,以混纺为主,混纺比一般为苎麻和棉各 50%,经纬纱为 55.6 tex×55.6 tex(18 公支×18 公支)的平布或斜纹布,专供缝制低档服装、牛仔裤,以及茶巾、餐布、野餐布等大宗产品。苎麻短纤维也可与其他纤维混纺,制成别具风格的雪花呢或其他色织布,用作外衣面料。

3. 中长苎麻织物

用切断成中长型(90~110 mm)的苎麻纤维为原料,以混纺为主,一般与涤纶混纺,涤、麻混纺比为 65∶35、45∶55 等,经纬采用(18.5 tex×2)×(18.5 tex×2)[(54/2 公支)×(54/2 公支)]或其他粗细而织成的织物,用作春秋外衣;也可织成 18.5 tex×18.5 tex 的单纱织物,用作夏季衣料。尤以色织的效果较好,经练整加工后既有毛型感,又有挺爽透气的特点。中长型苎麻纤维也可与黏胶纤维及丝、毛、棉等纤维混纺。

(二) 亚麻织物

亚麻织物是以亚麻纤维为原料的麻织物,分为亚麻细布、亚麻帆布和水龙带三大类。

亚麻织物中,有以原纱直接织造而成的织物,也有用煮练、漂白或染色处理后的纱线进行织造的。亚麻纤维含杂多,漂白困难,传统上要进行四次漂白。亚麻漂白布通常用二次漂白纱织造,原色细布用煮练纱织造,工业用布大多用原纱织造。

亚麻工艺纤维的色泽为灰色至浅褐色,色泽自然大方,很受人们的欢迎。有一部分细布以亚麻原色制成成品,称为原色布;也有以 1/2 漂纱(二次漂白纱)织成的,称为半漂原色布。

亚麻可与其他纤维混纺或交织,从而丰富了亚麻织物的品种。

亚麻织物中的服装布有外衣服装布和内衣服装布。

1. 亚麻外衣服装布

亚麻外衣服装布指专供制作外衣用的亚麻织物,有原色、半漂、漂白、染色、印花等。织物组织从平纹发展到人字纹、隐条、隐格等。

外衣服装布用纱较粗,通常在 70 tex 以上,股线则用 35 tex×2 以上,要求纱的条干均匀、麻粒少。一般用长麻混纺纱或精梳短麻湿纺纱织造。对于外观风格要求粗犷的,则用 200 tex 的短麻干纺纱织造。

亚麻纱的强度高,但伸长小,织造紧密织物有困难,故经纬紧度一般在 50% 左右。在后序工序中可采用碱处理,使织物收缩,增加紧度。

亚麻织物易皱,尺寸稳定性差,可用碱处理和树脂整理或与涤纶混纺加以改善。涤纶混入量一般为 20%~70%。

2. 亚麻内衣服装布

亚麻内衣服装布指专供制作内衣用的亚麻织物。因吸湿散湿快,吸湿后衣服也不贴身,穿着凉爽、舒适,易洗易干易熨烫,是一种高档内衣用布。一般用 40 tex 以下的细特纱织造,要求纱的条干均匀、麻粒少。

内衣布常用平纹组织,经纬紧度在 50% 左右。亚麻内衣服装布有漂白、染色和半漂产品,所以织造用长麻湿纺半漂纱。为了增加紧度和改善尺寸稳定性,可采用碱缩或丝光工艺。作内衣用的亚麻布很少采用树脂整理及棉/涤混纺。但麻/涤混纺布的质地较挺实,也有生产。

除此以外,亚麻织物还有服装衬布、适宜制作休闲装、装饰产品的双层面料、亚麻牛仔布、亚麻弹力布及交织布等。特别是亚麻/天丝交织布,不仅具有亚麻的爽身、卫生、抗静电的保健功能,又具有天丝的柔软悬垂、飘逸透湿、光泽素雅的风格,身骨坚挺,手感柔软丰满,光泽如真丝般,是当今世界流行的绿色环保面料,适宜制作男女衬衫、时装裙衫、内衣系列、高档时装、夹克衫、晚礼服等。

(三) 大麻织物

大麻织物是指以大麻的韧皮纤维为原料,经加工制成的织物。大麻在欧洲被视为亚麻的代用品,采用亚麻的工艺设备生产较粗的大麻纱。

随着麻纺织物的热销,为解决资源不足的问题,国内已在开发大麻原料,用脱胶后的大麻精干麻,切断后与棉混纺。一般纺成 55.6 tex(18^S)的大麻/棉混纺纱/线,用于织造;或作为棒针纱线,制成款式不同的棒针衣衫,别具风格。但是,大麻纤维的结构与苎麻不同,残胶较多,故不宜混在苎麻内与其他纤维混纺,否则,染整时易产生色花、横档等疵点。

大麻具有优异的吸湿排汗性能、天然的抗菌保健性能、良好的柔软舒适性能、卓越的抗紫外线性能、出色的耐高温性能、独特的吸波吸附性能和自然的粗犷风格,被誉为"麻中之王",广泛应用于服装、家纺、帽子、鞋材、袜子等方面。大麻纺织品特别适宜制作防晒服装及各种有特殊需要的工作服,也可制作太阳伞、露营帐篷、渔网、绳索、汽车坐垫、内衬材料等。大麻纺织品还可用于室内装饰,可以降低噪音。其主要产品的品种和规格见表2-6。

表2-6 大麻主要产品和规格

类别	幅宽(cm)	原纱线密度(tex/公支) 经纱	原纱线密度(tex/公支) 纬纱	密度(根/10 cm) 经密	密度(根/10 cm) 纬密	备注
纯大麻交织细布类	80~107	27.8/36	27.8~33.3/30~36	195~205	225~232	平纹细布
涤/毛/大麻精纺呢绒类	140~145	20~25/40~50	20~25/40~50	220~240	180~220	混比:涤纶45~65,羊毛25~45,大麻15~25;或涤纶45~65,大麻35~55
毛/锦/大麻粗纺呢绒类	143	100~125/8~10	100~125/8~10	114~150	109~144	混比:羊毛65~78,大麻12~25,锦纶10
大麻/棉混纺织物类	98~123	55.6/18	55.6/18	平布:200~206	平布:185~187	混比:大麻55,棉45
		55.6/18	55.6/18	斜纹布:293~299	斜纹布:155	
		55.6×2/18/2	55.6×2/18/2	细帆布:173	细帆布:118	
针织品类		52.6/19		—	—	混比:大麻51,腈纶49

注:针织品类主要采用大麻与腈纶的混纺纱,混纺比为大麻51%、腈纶49%,纺纱规格为52.6 tex,产品有平衫、集圈男衫、集圈女衫和板花男衫等。

任务四 毛类织物品种识别

一、毛织物特点及分类

(一)毛织物及其特点

毛织物又称呢绒,是用羊毛或特种动物毛,以及羊毛和其他纤维混纺或交织而成的纺织品;此外,也包括不含羊毛的仿毛型化纤织物。

纯毛织物手感柔软、光泽滋润、色调雅致,具有优异的吸湿性,以及良好的保暖性、拒水性和悬垂性等,而且耐脏耐用,是一种高档服用面料。

(二)毛织物分类

1. 按染色方式分类

按染色方式,毛织物可分为散染、条染、纱染和匹染。

散染是指先将散纤维染色,再梳理成条、纺纱织造;条染是指先将毛纤维梳理成条,染色后再纺纱织造;纱染是指先将羊毛纺成纱线,再染色织造;匹染是指先织成呢坯再染色。

2. 按成品的织纹清晰度和表面毛绒状态分类

按成品的织纹清晰度和表面毛绒状态,毛织物可分为纹面、呢面和绒面。

纹面是指表面织纹较清晰,采用不缩绒或轻缩绒;呢面是指表面不露底纹,采用缩绒或缩绒后轻起毛;绒面是指表面有较长的绒毛覆盖,采用起毛整理。

3. 按加工工艺分类

按照加工工艺,可将毛织物分为精纺毛织物和粗纺毛织物。

精纺毛织物是指用较长而细的羊毛纺成的精梳毛纱织制而成,纤维梳理平直,纱线结构紧密。精纺毛织物一般表面光洁、织纹清晰。纱支一般为 100~30 公支(10~33.3 tex),面密度为 100~380 g/m²。

粗纺毛织物是用较短的羊毛或混入回用毛纺成的粗梳毛纱织制而成的。纱线中的纤维排列不整齐,结构蓬松,表面多绒毛。粗纺毛织物较厚重,大多数品种需经缩绒、起毛处理,使织物表面被一层绒毛覆盖。毛纱较粗,纱支一般为 20~2 公支(50~500 tex),面密度为 180~840 g/m²。

长毛绒可归于粗纺毛织物,也可单独分类,是指采用双层组织织成双层长毛绒坯,再经割绒成为上下两幅,然后将绒毛梳散,使其蓬松而成为毛丛。

二、毛织物代表产品

(一) 精纺毛织物代表产品

1. 华达呢

华达呢是用精梳毛纱织造,有一定防水性的紧密斜纹毛织物,斜纹角度约 63°,属右斜纹。

华达呢呢面平整光洁,斜纹纹路清晰细致,手感挺括结实,色泽柔和,多为素色,也有闪色和夹花产品。

华达呢要求光洁整理。采用烧毛工艺时,火焰要弱,次数要少,并控制烧毛后呢坯的温度,迅速降温,以防止手感变糙。绳状洗呢时要注意防止折痕。华达呢的经纱屈曲波大,经向易伸长,染整过程中需超喂,以控制成品缩水率,改善手感。华达呢易出现极光,染整后烘干时不可采用与烘筒直接接触的方式。

华达呢适宜制作雨衣、风衣、制服和便装等。另外,因其发色性好,是制作色谱色样板最适宜的呢料。

(1) 缎背华达呢。这种是用缎背组织织成的华达呢。缎背组织又称重编组织,它是在一个起始组织的基础上,加以重新编排,使经纱按一定间隔交替地在织物表面显现起始组织,而在织物背面则显现缎纹组织。常用的组织以 $\frac{2}{2}$ 斜纹做起始组织,采用 2 表 1 里排列,一个组织循环经纬各 11 根。其突出特色是厚实、细洁。

缎背华达呢所用原料较好,用纱较细,线密度一般为 13.9 tex×2~20 tex×2(72/2~52/2 公支)。织物密度很高,以 14 tex×2 毛纱织造的产品为例,成品经密接近 700 根/10 cm,常见面密度为 480~570 g/m²。由于经密高,又要求毛纱光洁、匀净,一般只采用条染方式,经光洁整理。为了便于搬运,织物匹长可适当缩短,面密度为 330~380 g/m²。

(2) 单面华达呢。这种是用 $\frac{2}{1}$ 斜纹织成的华达呢,正反面外观明显不同,故名单面华达呢。它的色泽范围广,是色谱最齐全的品种之一。

单面华达呢通常用 66 支以上的细羊毛做原料,经纬纱线密度一般为 17.2 tex×2~17.9 tex×2(58/2~56/2 公支),经密比纬密高 1 倍左右,成品紧度比 $\frac{2}{2}$ 斜纹的华达呢稍低,故风格活络。其组织属右斜纹,质地轻薄,面密度为 250~290 g/m²。

2. 哔叽

哔叽的原意是"一种天然羊毛颜色的斜纹毛织物",是素色的斜纹精纺毛织物,常用$\frac{2}{2}$斜纹组织,斜纹角度为45°,右斜纹,正反面纹路相似、方向相反,呢面光洁平整、纹路清晰,质地较厚而软,紧密适中,悬垂性好,以藏青色和黑色为多,适用作学生服、军服和男女套装服料。

哔叽与华达呢的区别见表2-7。

表2-7 哔叽与华达呢的区别

项目	哔 叽	华 达 呢
手感风格	丰糯柔软	结实挺括
经纬密比例	经密略大于纬密	经密约是纬密的2倍
呢面纹路	纹路清晰平整,斜纹角度约45°,可以看见纬纱	纹路清晰挺立,斜纹角度约63°,由经纱构成纹路,纬纱几乎看不见

哔叽可用各种品质羊毛为原料,纱支范围较广,应用较多的是20.8 tex×2～27.8 tex×2(48/2～36/2公支),其次是12.5 tex×2～16.7 tex×2(80/2～60/2公支)。经纬纱线密度越小,织物越细洁,越有丝型感。哔叽用纱捻度适中,通常用双股线做经纬,也有采用经线纬纱的。织物面密度一般为140～340 g/m²,薄哔叽为190～210 g/m²,中厚哔叽为240～290 g/m²,厚哔叽为310～390 g/m²。

哔叽通常采用匹染,色泽以藏青为主,也有浅色及漂白等。

棉哔叽以棉或棉混纺纱线为原料,组织结构与毛哔叽相似,有线哔叽与纱哔叽之分。线哔叽正面为右斜纹,经染色加工,可制作男女服装。纱哔叽正面为左斜纹,经印花加工,主要用作女装和童装服料或被面。

3. 啥味呢

指用精梳毛纱织造,混色,有绒面的中厚型斜纹织物。其名称出自音译,意为"有轻微绒面的整理",以区别于光洁整理。

啥味呢呢面平整,毛茸匀净丰满,弹性良好,有身骨,色泽以深、中、浅的混色灰为主,呢面斜纹纹路隐约,斜纹角度约45°,右斜纹,长期穿着不会产生极光,其外观常新。

啥味呢以原料选用线密度较小的为好,有利于缩绒整理出绒面。常用$\frac{2}{2}$组织,也有$\frac{2}{1}$斜纹组织。常用线密度为16.7 tex×2～27.8 tex×2(60/2～36/2公支)。纱线捻度比哔叽略低,通常经纬都用股线,也有用经线纬纱的。面密度一般为220～320 g/m²。

除了全毛啥味呢外,还有毛黏啥味呢、涤毛啥味呢、丝毛啥味呢、涤黏啥味呢等。

啥味呢与哔叽比较接近,它们的区别在于:哔叽是单一素色,啥味呢是混色夹花;哔叽呢面光洁,啥味呢呢面有绒毛。

啥味呢适宜制作男女裤料及各类春秋季便装。

4. 凡立丁

凡立丁是用精梳毛纱织成的轻薄平纹毛织物。其呢面条干均匀,织纹清晰,光洁平整,手感柔软、滑爽、活络、有弹性,透气性好,色泽鲜明匀净,膘光足;以中浅色为主,如中灰、浅米等色,也有少量黑色、藏青、漂白及其他杂色。产品外观朴素大方。

凡立丁的原料以全毛为主,也有涤毛、纯化纤等品种。凡立丁用纱稍细,通常为

16.7 tex×2～20.8 tex×2(60/2～48/2公支)，经纬都用股线，常见面密度为170～200 g/m²。

凡立丁通常采用匹染，后整理中除烧毛、剪毛等加工外，需加大各道工序的张力，力求经直纬平。全毛凡立丁最易出现呢面不平整的"鸡皮皱"疵病，因此要加强煮呢、蒸呢等工序的管理，使其有良好的定形效果。

凡立丁适宜制作夏令的男女上衣、西裤、裙子等。

5. 派力司

派力司是用精梳毛纱织造，外观呈夹花细纹的平纹混色毛织物。其名称来自音译。织物手感滑、挺、薄、活络、弹性好，呢面平整，光泽自然，以中灰、浅灰、浅米等为主要色泽。除了全毛派力司外，还有毛涤派力司、纯化纤派力司等。

派力司通常采用经线纬纱，经线线密度为14.3 tex×2～16.7 tex×2(70/2～60/2公支)，纬纱线密度为22.2～25 tex(45～40公支)。织物面密度比凡立丁小，一般为140～160 g/m²。

派力司需经光洁整理，烧毛工艺要烧去表面毛茸又不损伤织物。生坯预煮，洗后再煮，以加强湿定形的作用。在张力条件下烘呢，使经纬纱平直。蒸呢后给湿。给湿后需要有一定的停留时间，使给湿均匀后再进行压电。

派力司宜制作夏令男女西裤、套装等。

6. 凉爽呢

凉爽呢是涤毛混纺薄花呢的商业名称，平纹组织，用"凉爽"概括其特色，又名"毛的确良"。凉爽呢轻薄、透凉、滑爽、挺括，弹性良好，折裥持久，易洗快干，尺寸稳定，有一定的免烫性，穿着舒适，坚牢耐用。凉爽呢以其轻薄、挺括等优异服用性能，逐步取代了全毛或丝毛薄花呢，成为主要的夏令衣着用料。

凉爽呢常用64支以上的细羊毛与3.3 dtex(3 den)常规涤纶混纺，采用半光涤纶或有光涤纶，后者纺纱较困难。常用比例为涤纶55%、羊毛45%。用纱线密度一般为12.5 tex×2～16.7 tex×2(80/2～60/2公支)；如用单纱，线密度为20～33.3 tex(50～30公支)。以双股线做经纬为主，也有采用线经纱纬的，少数品种用单纱做经纬。高档品种采用8.3～10 tex×2(120/2～100/2公支)股线。

凉爽呢的面密度一般为155～190 g/m²，用纱为10 tex×2以下的织物只有120 g/m²左右，是最轻薄的品种。

凉爽呢可采用匹染或条染，后整理需高温热定形处理，以稳定织物尺寸，并注意织物的干热收缩率。

7. 毛三合一花呢

毛三合一花呢是羊毛与其他两种化学纤维混纺而织成的花呢，简称"毛三合一"。

大众化呢料通常有两种风格：薄型毛三合一花呢，以毛涤混纺薄花呢为仿制目标，光洁而挺爽；中厚型毛三合一花呢，以全毛中厚花呢为仿制目标，丰厚有弹性。两种风格的织物在原料选用和成分上有所区别，通常羊毛的含量只占20%～30%。薄型织物以毛腈涤(如20：30：50)、毛黏涤(如30：30：40)为多见；中厚型织物以毛黏腈(如20：40：40)、毛黏锦(如20：40：40)等较多采用。三种原料成分的配比，一般按市场价格而定。

毛三合一花呢的组织规格与毛涤薄花呢或全毛中厚花呢相仿。常用纱线为13.2 tex×2～22.2 tex×2(76/2～45/2公支)，面密度为135～265 g/m²。

毛三合一花呢的纱线多用本色羊毛与原液着色化纤相混，整匹套染羊毛，或散毛染色后与原液着色化纤相混合,以降低成本。

毛三合一花呢适宜制作各类外衣、裤料等。

(二) 粗纺毛织物代表产品

1. 麦尔登

麦尔登是一种品质较高、质地紧密、具有细密绒面的粗纺呢绒。它由英国创制,当时的生产中心在列斯特郡的 melton mowbray,故以地名命名,简称 melton,主要用作大衣、制服等冬季服装的面料。

麦尔登常用一级改良毛或 60 支羊毛为主要原料,混以少量 64 支精梳短毛或 25%~30% 的黏胶纤维,纺制成 62.5~83.3 tex(16~12 公支)粗梳毛纱作为经纬,捻系数高。以 $\frac{2}{2}$、$\frac{1}{2}$、$\frac{1}{1}$ 等斜纹或平纹组织交织而成。其经纬向紧度高,可达 90%。因此织物结构紧密,面密度为 360~480 g/m^2。

麦尔登经重缩绒整理后,手感丰润,富有弹性,挺括不皱,耐穿耐磨,抗水防风。通常多染成藏青或其他深色,适宜制作西上装、中山装及披风等。

麦尔登产品以纯毛居多;有时为提高原料的可纺性和织物的耐磨性,掺入少量锦纶;也有用羊毛与 20%~30% 黏胶混纺的毛黏麦尔登。以精梳毛纱为经、粗梳毛纱为纬的麦尔登,其强度和弹性均优于粗纺织物。

2. 海军呢

海军呢是重缩绒、不起毛或轻起毛的呢面织物,也称细制服呢。要求质地紧密,身骨挺实,弹性较好,手摸不板不糙,呢面较细洁匀净,基本不露底,耐起球,光泽自然。

纯毛海军呢的原料配比为品质支数 58 支羊毛或二级以上毛 70%、精梳短毛 30%。混纺海军呢则采用品质支数 58 支羊毛或二级以上羊毛 50%、精短梳毛 20%~30%、黏胶纤维 20%~30%。常采用的纱线线密度为 83~125 tex(12~8 公支),面密度为 360~490 g/m^2,用 2 上 2 下斜纹组织织造。颜色以匹染藏青色为主,也有墨绿、草绿等色。

由于用毛不同,海军呢的产品风格及质量均比麦尔登稍差。海军呢是匹染深色产品,生产中要特别注意控制一、二级毛的死腔毛含量,以保证成品的外观质量。

海军呢由粗毛纱织成,其原料、织物组织、色泽和麦尔登相似,但质地稍差,常用来制作制服等。

3. 学生呢

学生呢属于大众呢产品,是利用细支精梳短毛或再生毛为主要原料的重缩绒织物,是一种低档的麦尔登。其呢面细洁、平整均匀,基本不露底,质地紧密有弹性,手感柔软。

常用原料配比为:品质支数 60 支羊毛或二级以上羊毛 20%~40%,精梳短毛或再生毛 30%~50%,黏胶纤维 30%~20%。一般采用 100~111.1 tex(10~9 公支)粗梳毛纱做经纬,以 100 tex(10 公支)为多见。面密度为 400~500 g/m^2。组织常用 $\frac{2}{2}$ 斜纹或破斜纹,经纬向紧度为 72%。颜色以匹染藏青、墨绿、玫瑰红为主。

学生呢的原料以再生毛为主,由于再生毛的原料成分较复杂,故多制作混纺产品。投产时需注意检验再生毛的原料组成及色泽,以确保成品的实物质量。因价格较低,学生呢主要用作学生制服。

4. 法兰绒

法兰绒是用粗梳毛纱织制的一种柔软而有绒面的粗纺毛织物。它于18世纪创制于英国的威尔士。国内一般是指混色粗梳毛纱织制的具有夹花风格的粗纺毛织物。其呢面有一层丰满细洁的绒毛覆盖,不露织纹,手感柔软平整,身骨比麦尔登稍薄。

法兰绒的生产是先将部分羊毛染色,然后掺入部分原色羊毛,经混匀纺成混色毛纱,织成织品,再经缩绒、拉毛整理而成。大多采用斜纹组织,也有用平纹组织的。所用原料除全毛外,一般为毛黏混纺,有的为提高耐磨性而混入少量锦纶纤维。

法兰绒用 62.5～100 tex(16～10 公支)粗纺毛纱做经纬,纺纱捻系数高。采用平纹、$\frac{1}{2}$、$\frac{2}{1}$、$\frac{2}{2}$ 斜纹等组织。成品经向紧度为60%,纬向紧度为55%,结构偏松。面密度为260～320 g/m^2。

法兰绒色泽素净大方,有浅灰、中灰、深灰之分,适宜制作春秋男女上装和西裤。

5. 粗纺女式呢

粗纺女式呢是主要用于制作各类女士服装的粗纺毛织物。其色泽鲜艳,手感柔软,外观与风格多样,所用原料有羊毛、黏胶、腈纶、涤纶等。它的品种繁多,按原料分有全毛女式呢和混纺女式呢,全毛女式呢按动物纤维种类又分为羊绒女式呢、兔毛女式呢、驼绒女式呢等;按照呢面风格特征分为平素女式呢、立绒女式呢、顺毛女式呢、松结构女式呢。应用的织物组织也多,如平纹、斜纹、小提花及变化组织等,因此产品风格多样。

(1) 平素女式呢。这是经过缩呢、起毛整理的较薄的素色粗纺毛织物。高档产品采用64支羊毛,也可混用10%～20%的羊绒、兔毛、驼毛等;中档产品采用二级以上羊毛20%～70%,精短毛10%～50%,化纤30%以下。纱线线密度为 62.5～125 tex(16～8 公支)。

平素女式呢主要采用平纹或 $\frac{2}{2}$ 斜纹组织。平纹产品的经向紧度为40%～44.5%,纬向与之相近,染整净长率为82%～94%,织、整总净宽率为72%～85%,成品单位长度质量为340～650 g/m。

平素女式呢为匹染素色织物,呢面平整细洁,不露或微露底纹,有身骨和弹性,颜色有黄、红、蓝、藏青等,色谱齐全。

(2) 立绒女式呢。其绒毛密立平齐,绒面丰满匀净,不露底,手感丰厚,有身骨,弹性好,色泽鲜艳均匀。所用原料、成品单位长度质量与平素女式呢相似,染整工艺经缩呢和起绒,采用 $\frac{2}{2}$ 斜纹和 $\frac{1}{3}$ 斜纹组织。

(3) 顺毛女式呢。其呢面绒毛较长,向一方倒伏,滑润细腻,膘光足,手感柔软、活络、丰厚,色泽与立绒女式呢相似。

(4) 松结构女式呢。这是结构特松的纹面织物,上机紧度为48%左右,且不经缩呢工序。其呢面花纹清晰,色泽鲜艳,质地轻盈、空松。使用原料除与一般女式呢相同外,根据产品的外观需要,可兼用异形化纤、膨体纱、花式纱或精纺毛纱等。有时要利用织物组织和织造技术,使织物构成透孔结构。它适宜制作春、秋、冬季女装外衣。

6. 大衣呢

大衣呢是粗纺呢绒中规格较多的一个品种,为厚型织品,因适宜制作冬季穿的大衣而得名。织品多数采用斜纹或缎纹组织,也有采用单层、纬二重、经二重及经纬双层组织的。由于使用的原料不同,组织规格与染整工艺不同,大衣呢的手感、外观、服用性能差异较大,有平厚、立绒、顺毛、拷花和花式五个主要品种。

（1）平厚大衣呢。采用 $\frac{2}{2}$ 斜纹或纬二重组织,经缩绒或缩绒起毛而制得。呢面平整、匀净、不露底,手感丰厚,不板不硬。以匹染为主,如黑、藏青、咖啡等色,混色品种以黑灰为多。如市场上销售的雪花呢,就是以大量染黑羊毛与少量本白羊毛混纺而成的。

（2）顺毛大衣呢。它是采用斜纹或缎纹组织,利用缩绒或起毛整理,织物表面形成顺向一方倒卧而紧贴呢面的仿兽皮风格的粗纺毛织物。其呢面毛绒平顺整齐,不露底,手感顺滑柔软。顺毛大衣呢的原料除羊毛外,常混用羊绒、兔毛、驼毛、马海毛等特种动物毛,以形成独特的风格。如银枪大衣呢,在染成黑色的羊毛或其他动物纤维中混入10%左右的本白粗马海毛,使乌黑的绒面上均匀地闪烁着银色光亮的枪毛,美观大方,是大衣呢中的高档品种。也可使用锦纶、涤纶异形纤维仿马海毛,以达到同样的效果。

（3）立绒大衣呢。它是采用破斜纹或纬面缎纹组织织制,呢坯经洗呢、缩绒整理、重起毛、剪毛等工艺,使呢面上有一层耸立的浓密绒毛的织物。其绒面丰满,绒毛密而平齐,具有丝状立体感,手感柔软、富有弹性、不松烂,光泽柔和。立绒大衣呢以匹染素色为主,如黑、藏青、墨绿、驼等色。如在呢料中混入少量本色羊毛或异形涤纶纤维,则能使呢面深浅夹花,风格别致。

（4）拷花大衣呢。它是采用纬二重组织或双层组织织出人字形或水浪形的织物,因表面看似拷花而得其名。拷花大衣呢采用质量较好的羊毛混山羊绒为原料,其织染工艺要求较高,是一种代表技术水平的产品,属于高档大衣呢。拷花大衣呢的色泽多为素色,也有掺入部分本白羊毛,绒面呈现雪花状。如混入羊绒的,称为羊绒拷花大衣呢,又名开司米大衣呢,质量更佳,手感丰厚,质轻。

（5）花式大衣呢。它是采用花式纱线,以平纹、斜纹、纬二重或小花纹组织织制而成,质量较其他大衣呢轻。按呢面外观有花式纹面和花式绒面两种。花式纹面大衣呢包括人字、圈、点、格等配色花纹组织,花纹清晰,纹路均匀,手感不板不硬而有弹性;花式绒面大衣呢的花型与上述相同,但由于经过缩绒或起毛工序,呢面上呈现立绒或顺毛而分为两个品种。花式绒面大衣呢绒面丰富,绒毛整齐,手感丰厚。

三、毛织物主要生产工序与任务

（一）纺纱工艺流程

1. 粗梳毛纺系统

羊毛初加工→和毛加油→梳毛→细纱→(蒸纱)→络筒。

2. 精梳毛纺系统

（1）典型条染产品的纺纱工艺流程:羊毛初加工→和毛加油→毛条制造→条染复精梳→前纺→后纺。其中,毛条制造包括:梳毛→毛条头道针→毛条二针→毛条三针→精梳→毛条四针→毛条末针;条染复精梳包括:松球→装筒→条染→脱水→复洗→混条针梳→毛条二针→毛条三针→复精梳→毛条四针→毛条末针;前纺包括:混条→前纺头针→前纺二针→前纺三针→前纺四针→粗纱;后纺包括:细纱→并线→捻线→(蒸纱)→络筒。

(2) 匹染产品纺纱工艺流程:羊毛初加工→和毛加油→毛条制造→前纺→后纺。其中,毛条制造、前纺、后纺工序同条染产品。

3. 半精纺系统

羊毛初加工→和毛加油-梳毛→针梳(2~3道)→粗纱→细纱→并线→捻线→(蒸纱)→络筒。

(二) 织造工艺流程

毛织物的织造工艺流程很简单,经过整经、穿结经准备后,一般可以直接织造。之后的后整理非常重要,毛织物典型的后整理工序有缩绒(缩呢)、拉毛、刷毛、剪毛和蒸呢。

(三) 主要工序任务

1. 炭化

它是羊毛初加工的一道工序,是将羊毛中的植物性草杂,用硫酸腐蚀、烤焦、以致脱落分离的工艺。

2. 和毛加油

和毛是将原料开松、均匀混合。加油的目的是增加纤维间的润滑,减少纤维在开松梳理过程中的损伤,减少生产中的静电,增加纤维的柔软性、抱合性。

3. 梳毛

梳毛的作用是将毛纤维梳理、混合、除杂、制成毛条。

4. 针梳

通过毛条混合、梳理、牵伸,使纤维平行伸直,改善毛条不匀,加工成后道工序所需要的、有一定质量的毛条。

5. 精梳

精梳的作用是提高毛条中纤维的平均长度,去除前道工序中残留的毛粒、草屑,进一步使原料混合,使纤维平行伸直。

6. 缩绒

羊毛表面有鳞片层,顺鳞片的摩擦系数比逆鳞片方向的小。经过交替挤压和松弛后,羊毛发生反复的变形和回复,向毛根方向移动,相互穿插、缠结,聚集在一起,遂产生毡缩现象。缩绒就是利用这种现象使毛织物紧密厚实并在表面形成绒毛的整理过程,也称缩呢。

任务五 丝织物品种识别

一、丝织物种类及特点

丝织物是指经向为长丝原料的机织物,主要用蚕丝、人造丝、合纤丝等原料织成,具有柔软滑爽、光泽明亮等特点,穿着舒适,外观华丽、高贵。

丝织物的品种多,用途广。日常生活中常见的有绚丽多彩的织锦缎、细洁滑爽的塔夫绸、柔软明亮的花素软缎、薄如蝉翼的乔其绡、富丽堂皇的丝绒,以及繁花似锦的丝绸被面等。

丝织物品种的分类方法各异。有素织物与花织物之分：素织物是表面平整素洁的织物，如电力纺、斜纹绸等；花织物有小花纹织物（如特纶绉）和大花纹织物（如花软缎）。有生织物与熟织物之分：用未经练染的丝线织成的织物称为生织物；用先经练染的丝线织成的织物称为熟织物。1995年，中国丝绸工业总公司与中国丝绸进出口总公司在《中国出口绸缎统一规格》修订版中，依据丝织品的组织结构、织造工艺及其质地和外观效应，将丝织物划分为绡、纺、绉、绸、缎、锦、绒、绢、绫、罗、纱、葛、绨、呢14大类。每类中，按使用的原料分，有全真丝（桑蚕丝）织物、人造丝织物、合纤丝织物、柞蚕丝织物与交织织物；按其用途分，有服装用绸、装饰用绸、工业用绸等。20世纪90年代以来，随着阔幅织机的广泛应用，阔幅丝织物产品大量增加，丝织物品种规格更加繁多，现已有近3 300个品种。

二、出口丝织物品种编号

出口丝织物品种采用的全国统一编号，由品号、规格与品名三部分组成。

（一）品号

品号统一由五位阿拉伯数字组成。

(1) 五位数字自左至右，第一位数字为1、2、3、4、5、6、7，其中1～6表示丝织物的原料属性，7表示被面。

"1"表示桑蚕丝类原料（包括桑蚕丝、双宫丝、桑绢丝、䔧麻绢丝、桑䌷丝）的纯织丝织物或蚕丝含量占50%以上的桑柞交织的织物。

"2"表示合成纤维长丝、合成纤维长丝与合成短纤维纱（包括合成短纤维与黏、棉混纺纱）交织的织物。

"3"表示天然丝短纤维与其他短纤维的混纺纱所织成的织物。

"4"表示柞蚕丝类原料（包括柞丝、柞绢丝、柞䌷丝）及柞丝含量占50%以上的柞蚕丝交织的织物。

"5"表示黏胶纤维长丝或醋酯纤维长丝与其短纤维纱交织的织物。

"6"表示经、纬由两种或两种以上的原料交织的丝织物。其主要原料含量在95%以上（绡类可放宽至90%），其余原料仅起点缀作用者，仍列入主要原料所属的类别。

(2) 五位数字自左至右，第二位或第二、三位数字分别表示丝织物所属大类的类别：

0——绡类	50～54——绢类
1——纺类	55～59——绫类
2——绉类	60～64——罗类
3——绸类	65～69——纱类
40～47——缎类	70～74——葛类
48～49——锦类	75～79——绨类
8——绒类	9——呢类

(3) 五位数字自左至右，第三、四、五位数字分别表示品种规格顺序号。其中上述"40～79"所列第三位数字有双重含义，既表示所属大类的类别，又表示品种规格顺序号。

各大类丝织物的规格顺序号见表2-8。

表 2-8　各大类丝织物的规格序号

类别	规格序号	类别	规格序号	类别	规格序号
绡类	001~999	锦类	801~999	葛类	001~499
纺类	001~999	绢类	001~499	绨类	501~999
绉类	001~999	绫类	501~999	绒类	001~499
绸类	001~999	罗类	001~499	呢类	501~999
缎类	001~799	纱类	501~999	—	—

（二）规格

统一规格由两组数字（用"/"分开）组成。第一组数字表示织物内幅（cm），第二组数字表示织物每米质量（g/m）。

（三）品名

统一品名为织物的具体名称。随着无梭织机生产品种的出现，在织物的统一编号中，按机型和织物布边状况增加了相应的代号。

（1）机型代号：剑杆织机为"1"，片梭织机为"2"，喷水织机为"3"，喷气织机为"4"。

（2）布边代号：光边为"1"，毛边为"2"。

机型与布边代号用括号加在品号之后，两个代号之间用连接号连接。

织品产地用地区编号表示，由四位阿拉伯数字冠上地区代号而组成。四位数字由各地区自行编制，地区代号由大写英文字母表示，见表 2-9。

表 2-9　各地区代号表

代号	地区	代号	地区	代号	地区	代号	地区	代号	地区	代号	地区
B	北京	H	浙江	M	福建	S	上海	X	湖南	HN	海南
C	四川	I	新疆	N	广西	T	天津	Y	河南	NB	宁波
D	辽宁	J	江西	P	山西	U	河北	Z	黑龙江	NJ	南京
E	湖北	K	江苏	Q	陕西	V	吉林	CD	成都	XM	厦门
G	广东	L	山东	R	重庆	W	安徽	GZ	贵州	—	—

示例 1：11224(2-1)140/120 电力纺，H4378。表示浙江产，纯桑蚕丝，纺类产品，规格序号为 224，用片梭织机织造，光边，内幅 140 cm，单位长度质量 120 g/m，具体名称为电力纺，H4378 为地区编号。

示例 2：22351 特纶绉。表示纯合纤长丝，绉类产品，规格序号为 351。

三、蚕丝类丝线代表品种

（一）蚕丝

蚕丝是高级纺织纤维，有"纤维皇后"的美称，具有柔软、纤细、洁白、轻盈、光泽柔和、吸湿性好、弹性适中等特点；用火点燃能迅速燃烧成黑色球状，用手能碾成粉末，并带有烧焦头发的气味。蚕丝包括家蚕丝（桑蚕丝）和野蚕丝（柞蚕丝、蓖麻蚕丝）。目前蚕丝纤维中产量最高、应用最广的是桑蚕丝。

单根蚕丝很难用于织造，一般桑蚕丝是经缫丝工序，将 7~9 粒蚕茧的茧丝合并成一股丝加工而成，因含有丝胶，俗称为生丝或厂丝，作为丝织用原料。手工缫的称为土丝、农工丝。生丝经过精练脱胶后称为熟丝。生丝的常用规格为 20/22 den，13/15 den、27/29 den 或 40/44 den 也较常见。

桑蚕丝的光泽较好，手感较软，粗细均匀。

（二）柞蚕丝

柞蚕丝的光泽较差，比桑蚕丝黄，手感粗糙、硬，粗细也较均匀。

（三）双宫丝

顾名思义，双宫丝是以双宫茧为原料缫制的丝，即两只蚕一起吐丝做成一个茧（双宫茧）而缫成的丝。其光泽、手感和色泽介于桑蚕丝与柞蚕丝之间，但节点较多，粗细不匀。用桑蚕丝做经线、双宫丝做纬线织成的绸叫作双宫绸，风格独特。双宫丝有 30/40 den、50/70 den、60/80 den、100/250 den、120/250 den 等规格。

（四）绢丝

绢丝是用缫丝厂的丝头、蛹衬、茧衣、下脚干茧及无捻下脚废丝，经过化学处理及机械加工而纺成的短纤维纱。绢丝支数一般很高（240/2～50/2 公支），光泽润美，手感柔和，适于织造轻软的高级织物，如与桑蚕丝、双宫丝交织成桑绢绸、绢宫绸等；或加工成缝纫丝、刺绣丝等。绢丝属短纤，习惯上其粗细用公制支数表示。

四、丝织物类代表品种

几种常见蚕丝织物的规格及特点见表 2-10。

表 2-10　几种常见蚕丝织物的规格及特点

品名品号	成品规格				织造规格		特点识别
	门幅(cm)	经密(根/10 cm)	纬密(根/10 cm)	质量(m/m)	经线	纬线	
10102 乔其纱	115/114	517	441	10	2/20/22 den 桑蚕丝 30T/2S2Z	同经	经纬加捻，绉效应强
10285(1-2) 缎条绡	91.4/90	857	460	12	2/20/22 den 桑蚕丝 16T/S 2/20/22 den 桑蚕丝	2/20/22 den 桑蚕丝 16T/S	经向缎纹，有规律间隔
11206(1-2) 电力纺	115/114	500	450	8.5	2/20/22 den 桑蚕丝	同经	绸面平挺
12101(1-2) 双绉	115/114	632	400	12	2/20/22 den 桑蚕丝	3/20/22 den 桑蚕丝 26T/2S2Z	绸面起绉，手感弹性较好
13370 和服绸	38×2/37×2	1038	470	18.5	2/20/22 den 桑蚕丝	4/20/22 den 桑蚕丝 18T/2S2Z	有中缝，带提花
13255 双宫绸	113/112	497	340	12.5	2/20/22 den 桑蚕丝	1/100/120 den 双宫丝	纬线有节点，绸面粗犷
14101 素绉缎	115/114	1295	490	19	2/20/22 den 桑蚕丝	3/20/22 den 桑蚕丝 26T/2S2Z	浮线较长，正面缎面光滑亮

续表

品名品号	成品规格				织造规格		特点识别
	门幅(cm)	经密(根/10 cm)	纬密(根/10 cm)	质量(m/m)	经线	纬线	
15688(1-2) 真丝绫	103/102	534	430	14.5	3/20/22 den 桑蚕丝	4/20/22 den 桑蚕丝	斜纹组织
19004(1-2) 斜纹绸	117.5/116	530	430	14.5	3/20/22 den 桑蚕丝	4/20/22 den 桑蚕丝	斜纹组织

注：10102乔其纱，简称02乔其；成品幅宽115 cm；经密517根/10 cm，纬密441根/10 cm，质量10 m/m；经纬线均为2股20/22 den的桑蚕丝，2左2右，每厘米加30个捻。

实际情况是，根据不同客户的不同需求，人们随时自行设计品种，品号五花八门，一般都要达到客户对幅宽、质量和纬密的要求。

丝织物主要常见种类介绍如下：

（一）绡类

绡类是采用平纹或透孔组织为地纹，经纬密度小，质地爽挺轻薄、透明，孔眼方正清晰的丝织物。

其经纬常用不加捻或加中/弱捻的桑蚕丝或黏胶丝、锦纶丝、涤纶等，生织后再染整加工，或者生丝先染色后熟织，织后不需整理。此外，还有桑蚕丝、人造丝、涤纶丝等原料与金银丝交织的品种。

绡织物从工艺上可分为素绡、提花绡和修花绡等。素绡是在绡地上提出金银丝条子或缎纹条子，如建春绡、真丝绡等；提花绡是在以平纹绡地为主体，提织出缎纹或斜纹、浮经组织的各式花纹图案，如伊人绡、条子花绡等；把不提花部分的浮长丝修剪掉则为修花绡，如闪碧绡、迎春绡等。此外，还有经烂花加工的烂花绡，如新丽绡、太空绡等。

桑蚕丝绡或人丝绡及其交织绡的染整加工通常采用松式工艺；合纤绡及其交织绡染整加工时，还应在染色、印花前后进行热定形，以满足织物热稳定性的需要。

绡类丝织物主要制作晚礼服、头巾、连衣裙、披纱，以及灯罩面料、绢花等。此外，硬挺、孔眼清晰的绡可用作工业筛网。

1. 建春绡

建春绡是经、纬均用桑蚕丝而织成的平纹地上起缎纹条子的绡类丝织物。由于绡地与缎条组织的密度不同，以及经纬原料的捻度差异，经染色、印花后色度明暗不一，色泽艳丽，图案含蓄，风格别致。

建春绡由两组经线与一组纬线交织而成，甲经为22.20/24.42 dtex(20/22 den)14捻/cm(S)桑蚕丝，乙经为22.20/24.42 dtex×2(2/20/22 den)桑蚕丝；纬线为22.20/24.42 dtex(20/22 den)14捻/cm(S)桑蚕丝。

丝织物中，"/"表示经、纬线细度范围的符号，前面的数字表示下限数值，后面的数字表示上限数值。其中，2/20/22 den中的"2/"表示2根并合；而采用分特克斯制时，则用"dtex×2"表示。1 den≈1.11 dtex。另外(S)或(Z)指捻向。

建春绡的成品幅宽为114 cm，经密560根/10 cm，纬密440根/10 cm，面密度37 g/m²。

坯绸经精练、染色或印花、单机整理，适宜制作妇女高级礼服或宴会服等。

2. 全涤绡

全涤绡是由涤纶丝白织而成的绡类丝织物，质地轻薄透明，手感柔软，光滑平挺。经纬均采用 75.48 dtex(68 den)11 捻/cm(S)半光涤纶丝，以平纹组织交织。成品幅宽 154 cm，经密 366 根/10 cm，纬密 330 根/10 cm，面密度 56 g/m²。经精练、增白、定形整理，主要用作绣花衣裙、窗帘纱、台面等用料。

3. 丝棉缎条绡

丝棉缎条绡是由桑蚕丝与棉纱交织的缎条绡类丝织物。绡部轻薄，光泽柔和，缎部光亮，缎地与绡地形成较强烈的厚薄反差，手感舒适柔软。

采用两组经线，甲经为 22.20/24.42 dtex×2(2/20/22 den)桑蚕丝，乙经为 22.20/24.42 dtex×4(4/20/22 den)桑蚕丝；纬线为 97.2 dtex(60^S)精梳棉纱。甲经与纬交织成平纹组织，乙经与纬交织成 8 枚缎纹组织。成品幅宽 116 cm，地部经密地 400 根/10 cm，缎条经密为 840 根/10 cm，纬密 370 根/10 cm，面密度 81 g/m²。原料含量为真丝 53%、棉纱 47%。

（二）纺类

纺类是采用平纹组织，表面平整填密，质地较轻薄的花、素丝织物，又称纺绸。一般采用不加捻的桑蚕丝、人造丝、锦纶丝、涤纶丝等原料织造；也有以长丝为经，人造棉、绢纺纱为纬交织的产品。有平素生织的，如电力纺、尼丝纺、涤丝纺和富春纺等；也有色织和提花的，如绢格纺、彩格纺和麦浪纺等。经纬一般不加捻。

染整加工时，桑蚕丝纺绸宜采用平幅染整加工方式，单辊筒或呢毯烘干后经小布铗拉幅；人造丝纺绸根据具体情况可采用平幅或绳状方式；合纤丝纺绸需在染色、印花前后进行预定形和热定形。

1. 电力纺

电力纺为桑蚕丝生织（白织）纺类丝织物，质地紧密细洁，光泽肥亮。

如 11209 电力纺，经线 22.20/24.42 dtex×2(2/20/22 den)桑蚕丝，纬线 31.08/33.30 dtex×2(2/28/30 den)桑蚕丝，以平纹组织交织。成品幅宽 91.5 cm，经密 609 根/10 cm，纬密 400 根/10 cm，面密度 44 g/m²（合 10 m/m）。

坯绸经染整加工，可作夏季男女衬衫、裙子服装、里料、方巾及工业用绸等。

电力纺的规格较多。纬线有采用 2 根、3 根或 4 根并合的桑蚕丝，面密度为 36~70 g/m²。衣着用绸厚些，面密度为 50 g/m² 以上。薄型电力纺可用作彩旗或羊毛衫里子。

此外，还有交织电力纺。如 61153 交织电力纺，经线为 22.20/24.42 dtex×2(2/20/22 den)桑蚕丝，纬线为 83.25 dtex(75 den)或 133.2 dtex(120 den)人造丝，面密度为 51 g/m²。

2. 杭纺

杭纺组织与电力纺相似，质地粗犷厚实，手感柔挺。因由杭州设计生产而得此名。如 11183 杭纺，经纬均为 55.50/77.70 dtex×3(3/50/70 den)的农工丝，外观规格基本同绍纺，其面密度比绍纺略大。

农工丝是用手工缫制的桑蚕丝，条干粗，均匀度也差，纤度偏差达 22.20 dtex(20 den)，丝身发黄，糙块和粗节多，一般适于织造厚实的产品。

成品幅宽 73.5 cm，经密 438 根/10 cm，纬密 255 根/10 cm，面密度为 113 g/m²。

3. 绢纺

绢纺是纯桑蚕绢丝白织纺类丝织物。其质地丰满柔软，织纹简洁，光泽柔和，触感宜人，并具有良好的吸湿、透气性。与电力纺、杭纺相似,但采用绢纺纱线。如 11364 绢纺,经纬均用 51.55 dtex×2(194/2 公支)桑绢丝,平纹组织,成品幅宽 91.4 cm,经密 415 根/10 cm,纬密 325 根/10 cm,面密度为 76 g/m²。

绢纺染整加工需经烧毛、练白、呢毯整理。

4. 生纺

生纺是纯桑蚕丝生织纺类丝织物,手感轻盈,硬爽挺括,具有天然生丝色光特征,是广东特产之一。

如 11191 生纺,经线为 22.20/24.42 dtex×2(2/20/22 den)桑蚕丝,纬线为 22.20/24.42 dtex×3(3/20/22 den)桑蚕丝,以平纹织成。成品幅宽 92 cm,经密 444 根/10 cm,纬密 370 根/10 cm,面密度为 48 g/m²。

生纺织后不需要精练、染色、整理,但需筒杖卷装。绸匹用于绣花成衣或工业特种用品。

5. 尼丝纺

又称尼龙纺,是经纬线用锦纶丝织成的白织纺类丝织物。织物表面细腻光洁,质地坚牢挺括,具有较好的弹性和耐磨性。

尼丝纺是丝织品中用锦纶丝织造的量大面广的产品。品种规格有 20 多种,一般分为中厚型和薄型,面密度分别为 80 g/m²、40 g/m²,经纬用 77.7 dtex(70 den)锦纶丝,幅宽一般为 150 cm。如 210T 尼丝纺的规格:经纬均为 77.7 dtex 锦纶丝,平纹,幅宽 150 cm,经密 482 根/10 cm,纬密 340 根/10 cm,面密度 72 g/m²。

尼丝纺用喷水织机织造,采用整经、上浆、并轴三步浆丝。坯绸经精练、退浆、预定形、染色或印花、防水涂层和定形整理。常作为滑雪衫、宇宙服、雨衣面料,也可用作伞绸,还常用作商品包装、拎包等。

常见规格有 110T、130T、150T、170T、210T、230T 等。除常规丝外,也有低弹网络丝、空气变形丝。除平纹织物外,还有用经重平或纬重平织成的尼龙格、双线锦纶格、锦纶六边格、尼龙牛津格等。

6. 涤丝纺

涤丝纺与涤塔夫属同类产品,是用涤纶丝织成的白织纺类丝织物。其中,厚的称为涤塔夫,薄的称为涤丝纺、涤平纺。如 21345 涤丝纺,经线为 83.25 dtex(75 den)8 捻/cm 涤纶丝,纬线与经线同,但不加捻,平纹组织。成品幅宽 92.5 cm,经密 395 根/10 cm,纬 370 根/10 cm,面密度 74 g/m²。坯绸染整加工中需热定形。常用作运动服、滑雪衣、晴雨伞、夹克衫或装饰用料。

7. 其他纺类

(1) 柞绢纺:柞绢纺丝生织纺类丝织物。如 41165 柞绢纺,经纬均用 83.3 dtex×2(120 公支),平纹织造。

(2) 桑柞绢纺:经向为桑蚕丝,纬向为柞蚕绢纱。

(3) 有光纺:黏胶丝白织纺绸。如 51168 有光纺,经纬均用 133.2 dtex(120 den)有光黏胶丝,平纹织造。经丝织前上浆。坯绸经染整加工后,可用作锦旗、中厚型夹袄里子或装饰用料。

(4) 富春纺:黏胶丝与人造棉交织的白织纺类丝织物。如 56722 富春纺,经线为 133.2 dtex(120 den)有光黏胶丝或无光黏胶丝(机械上浆),纬线为 196.8 dtex(30^S)有光人造棉纱,平纹织造。坯绸经退浆、染色、印花、单辊筒整理和树脂整理后,可使手感爽挺,并提高抗皱性。主要用作夏季连衣裙、被褥面料、棉袄面料等。

(三) 绉类

绉类是运用织造工艺和组织结构，用丝线加捻和采用平纹或绉组织织造而成的丝织物，突出特点是外观呈现绉效应，并且富有弹性，抗皱性良好。

使织物形成绉效应的方法有：①适用不同捻度、不同捻向的捻线织造；②利用经纬线张力差异使织物起绉；③采用绉组织织造；④经过轧纹整理；⑤利用不同原料的收缩性能差异，经处理而使织物起绉。

绉类丝织物的品种很多。根据不同原则来分，有不同的品种：按织造工艺分，有素绉织物（如互碧绉、偶绉）、色强绉织物（如色条双绉）、提花绉织物（如花绉、碧蕾绉）；按质地分，有轻薄透明如蝉翼的乔其绉，中薄型的双绉、花绉、得碧绉，以及中厚型的缎背绉、留香绉等。

绉类织物的染整加工，除起绉外，要突出一个"松"字，即采用松式加工方式，以免影响织物绉效应。

绉类织物主要用于服装和装饰。中、薄型产品可制作衬衫、连衣裙、晚礼服、窗帘、头巾或复制宫灯、玩具等；厚型产品可作服装尤其是外衣面料。

1. 乔其绉

乔其绉是经纬均采用强捻桑蚕丝白织的绉类丝织物，又名乔其纱，来自法国产品名称（geougette）。其质地轻薄透明，手感柔爽而富有弹性，外观清淡雅洁，并具有良好的透气性和悬垂性。

如 10101 乔其绉，经纬均为 22.20/24.42 dtex×2(2/20/22 den) 30 捻/cm 桑蚕丝，以 2S2Z 捻向排列，用平纹组织织造而成；成品幅宽 115 cm，经密 423 根/10 cm，纬密 351 根/10 cm，面密度 35 g/m²(8 m/m)。

形成乔其绉的主要方法：经纬线均采用 2S2Z 相间排列，并配置稀松的经纬密度；坯绸经过精练，使扭转的捻线扭力回复，形成绸面颗粒微凸、结构稀松的乔其绉。

2. 双绉

双绉是采用平经绉纬桑蚕丝织造的绉类丝织物，仅纬向加强捻，平纹组织。其手感柔软，弹性好，轻薄凉爽，但缩水率较大。它的用途很广，可作衬衫、裙子、头巾、绣衣坯等用料。

双绉的品种规格较多，有 12101、12102、12103、12104、12151、12152、12154、12156 等。

所用经线有 2/20/22 den、3/20/22 den、2/13/15 den 等桑蚕丝（平经）；纬线有 2/20/22 den 26 捻/cm、3/20/22 den 26 捻/cm、4/20/22 den 23 捻/cm、5/20/22 den 27 捻/cm 等桑蚕丝(2S2Z)。

成品幅宽一般为 72～117 cm，经密 590～700 根/10 cm，纬密 380～460 根/10 cm，面密度 35～78 113 g/m²。

3. 真丝雪纺

真丝雪纺是由纯桑蚕丝织成的白织绉类丝织物。其质地轻盈飘逸，手感柔软，织纹细腻，外观迷人，是妇女衬衫、连衣裙和超短裙的理想面料。

它的经纬均为 22.20/24.42 dtex×2(2/20/22 den) 桑蚕丝，16 捻/cm(2S2Z)，采用平纹变化组织。成品幅宽 114 cm，经密 480 根/10 cm，纬密 380 根/10 cm，面密度 43 g/m²(合 10 m/m)。

类似的雪纺是强捻低弹涤纶丝织成的白织绉类丝织物，经纬均为 83.25 dtex(75 den) 低弹涤纶丝加 23 捻/cm(2S2Z)，平纹组织；成品幅宽 152 cm，经密 444 根/10 cm，纬密 320 根/10 cm，面密度 85 g/m²。

还有用 111.0 dtex(100 den)强捻低弹涤纶丝做经线,氨纶和涤纶包缠丝做纬线的弹力雪纺。

(四) 绸类

绸类是地纹采用平纹或各种变化组织,或混用其他组织,无其他特征的各类花、素丝织物,采用桑蚕丝、人造丝、合纤丝等纯织或交织而成。按织造工艺分有白织、色织、提花三大类。其品种很多,如织绣绸、双宫绸、桃皮绒、领带绸等。

(五) 缎类

缎类是全部或大部分采用缎纹组织(除经或纬用强捻线织成的绉缎外),质地紧密柔软、绸面平滑光亮的丝织物。缎类按其织造工艺和外观分为素缎、花缎和锦缎三种。

1. 素缎

表面素净无花,如人丝软缎、梦素缎、素库缎等。经缎的经密远大于纬密,最大可达 190 根/cm;纬缎的纬密大于经密。

2. 花缎

表面呈现各种精致细巧的花纹,色泽淳朴、典雅,是一种比较简练的提花缎类织物,如花软缎、锦乐缎、金雕缎等。

3. 锦缎

表面有彩色花纹,色泽瑰丽,图案精致,织造时往往采用抛梭、近似梭、换道、挂经、修花等特殊工艺。产品华贵富丽,五彩缤纷。锦缎的生产工艺比较复杂,经纬丝在织前需染色,如织锦缎等。

缎类织物的原料可用桑蚕丝、黏胶丝和其他化学纤维长丝。有先练染后织造的,如织锦缎等;也有生织匹染的,如桑蚕丝与黏胶丝交织的花、素软缎。

缎类丝织物的染整加工:白织后染整的要采用平幅加工方式,经单辊筒烘燥整理;色织产品一般下机即为成品;人造丝色织缎可落水或退浆,再经单辊筒烘燥整理;交织色织缎可直接进行单辊筒烘燥整理。

缎类主要用作服装,也可用作台毯、床罩、被面,以及领带、书籍装帧料等。

代表性缎类丝织物的规格见表 2-11。

表 2-11 代表性缎类织物的规格表

织物名称	成品幅宽 (cm)	经线 [dtex/(den)]	纬线 [dtex/(den)]	经密 (根/10 cm)	纬密 (根/10 cm)	面密度 [g/m²/(m/m)]	原料 (经/纬)	组织或外观特点
14158 真丝缎	114	生丝	生丝×2	1 243	800	53(12.5)	桑蚕丝	8 枚缎纹
55103 人丝软缎	71	83.25(75)	133.2(120)	1 018	425	141	有光黏胶丝(经上浆)	8 枚或 5 枚缎纹
14103 花绉缎	101	生丝×2	生丝×3 20 捻/cm (2S2Z)	1 320	560	84	桑蚕丝	8 枚纬缎纹地上起出 8 枚经缎纹花
62103 花软缎	71	生丝	133.2(120)	1 370	520	98	桑蚕丝/有光黏胶丝	传统:中小型写实写意花卉

注:表中"生丝"表示 22.20/24.42 dtex(20/22 den)的桑蚕丝。

(六)其他种类丝织物简介

1. 锦类
外观瑰丽多彩、花纹精致高雅的色织多梭纹提花丝织物,如织锦缎、古香缎。

2. 绒类
地纹和花纹全部或局部采用起毛组织,表面呈现毛绒或毛圈的花素织物,如乔其绒、天鹅绒。

3. 绢类
应用平纹或重平组织,经纬线先练白、染单色或复色的熟织花素织物,质地较轻薄,绸面细密、平整、挺括,如塔夫绸。

4. 绫类
采用斜纹组织为地纹的花素织物,表面具有明显的斜纹纹路,如斜纹绸、美丽绸。

5. 罗类
应用罗组织,经向或纬向构成一列纱孔的花素织物,如涤纶纱、杭罗。

6. 纱类
应用绞纱组织,在地纹或花纹的全部或部分构成有纱孔的花素织物,如芦纱山纱、筛绢。

7. 葛类
经细纬粗、经密纬疏、地纹表面少光泽,且有比较明显的粗细一致的横向凸纹的织物,经纬一般不加捻,如文尚葛、明华葛。

8. 绨类
用长丝做经,棉纱蜡线或其他低级原料做纬,地纹用平纹组织,质地比较粗厚的花素织物,如绨被面、素绨。

9. 呢类
用绉组织或短浮纹织成地纹,不显露光泽,质地比较丰满、厚实、有毛型感的织物,如素花呢。

五、交织物类代表品种

蚕丝纤维是长纤维,没有混纺产品,只有交织产品,且品种广泛,一般都采用蚕丝做经线。

(1)蚕丝与棉纱线交织。常见的是丝棉绡、丝棉纺、丝棉乔其、丝棉斜纹绸、丝棉缎、丝棉提花织物,一般在自行命名的品号前加"SC"或"LC"表示。当然,纱线棉做经线、蚕丝做纬线的产品也较多,经过烧毛等多道后整理工序,制成高档服装面料,出口国外。

(2)蚕丝与羊毛交织。如丝毛乔其、丝毛斜纹绸、丝毛纺,一般在自行命名的品号前加"Q"或"LW"表示。

(3)蚕丝与其他纤维交织。蚕丝不仅可以与棉、毛交织,也可以与麻、涤等其他纤维交织,甚至可以同时与多种纤维交织,如丝棉麻交织绸、丝棉毛交织绸等。现在较流行的还有丝锦弹力纺,又称弹力雪纺,由桑蚕丝和锦纶的氨纶包覆丝交织而成。

六、丝织物生产主要工序与任务

(一)丝织生产的工艺流程

生坯与熟坯丝织物的区别,在于织物的经纬原料是否经过练染加工;它们还可以分为平素与提花织物,其工艺流程是不同的。一般熟织物有成绞(或松式筒子)、染色、再络等工序,而生织物没有;提花织物有纹织、装造等工序,而平素织物的装造简单,无纹织加工。对于不同原料,加工工序也不同。如桑蚕丝需浸渍,人造丝、合纤丝弱捻或无捻做经时需浆丝,柞蚕丝既要蒸丝也要浆丝。下面以生坯的花素织物的工艺流程为例进行介绍:

1. 桑蚕丝纺类织物

如 11207 电力纺:经组合为 22.22/24.44 dtex×2(2/20/22 den)桑蚕丝;纬组合为 22.22/24.44 dtex×2(2/20/22 den)桑蚕丝;生坯纺类素织物。其工艺流程如下:

经向:原料检验→浸渍→络丝→整经(双牵)→穿结经 ⎫
纬向:原料检验→浸渍→络丝→并丝→络筒   ⎬织造→检验
                                                      ⎭

2. 桑蚕丝绉类织物

如 12102 双绉:经组合为 22.22/24.44 dtex×2(2/20/22 den);纬组合为 22.22/24.44 dtex×4(4/20/22 den)桑蚕丝,23 捻/cm, 2S2Z;生坯绉类素织物。其工艺流程如下:

经向:原料检验→浸渍→络丝→整经(双牵)→穿结经   ⎫
纬向:原料检验→浸渍→络丝→并丝→捻丝→定形→络筒   ⎬织造→检验
                                                         ⎭

3. 合纤丝织物

如 21171 尼丝纺:经纬组合均为 77.77 dtex(70 den)锦纶丝;纯合纤纺类织物。其工艺流程如下:

经向:原料检验→分批整经→浆丝→并轴→分绞→穿综穿筘 ⎫织造→检验
纬向:原料检验─────────────────────────→ ⎬(喷水)
                                                  ⎭

4. 桑蚕丝熟织物

如 12301 素塔夫绸:经组合为[22.22/24.44 dtex(2/20/22 den)×8 捻/cm×2]×6 捻/cm 熟桑蚕丝;纬组合为[22.22/24.44 dtex(2/20/22 den)×6 捻/cm×3]×6 捻/cm 有色熟桑蚕丝;经、纬原料均为有色熟桑蚕丝,经并丝捻丝的熟坯素织物。其工艺流程如下:

原料检验→浸渍→络丝→单捻→并丝→

复捻→定形→成绞→染色→色泽分档→再络─┬经→整经→穿结经⎫
                                     └纬   ⎬织造→检验
                                                       ⎭

(二)丝织生产各工序的主要任务

1. 检验

检验是对白厂丝进行纤度、强力、伸长、抱合、回潮率、清洁、洁净等项目是否符合质量要求进行检验。

2. 挑剔

挑剔也称手工检验,是对每绞丝逐一进行色泽、夹花、杂物、糙疵、硬瘪角等疵点的挑出,将原料区分使用。

3. 浸渍

浸渍又称泡丝,是把已经过挑剔的丝,根据下道工序的用途和要求,在泡丝槽中按一定的工艺条件(如时间、助剂、温度等)进行浸泡,并按原料产地、庄口、用途染上各种颜色。通过浸渍,软化丝胶,消除硬筅角,便于绞丝退解,提高生丝的光滑性和耐磨性,有利于后道工序的加工,增强可织性。通过着色,以区分原料的用途,避免后道工序中原料混用。

4. 络丝

络丝是把绞装或其他卷装形式的丝线,根据不同的工艺要求,卷绕成下道工序所需要的卷装形式,有利于下道工序的加工。

5. 并丝

根据各品种规格的要求及工艺条件,把单根丝线合并成多根股线,以满足工艺要求,利于下道工序的加工。

6. 捻丝

根据不同品种的规格要求,把已并好的股线加工成所需要的捻向及捻度的丝线。加捻可以增强丝线的抱合力,提高丝线的强力和耐磨性,赋予织物外观一定的绉效应。

7. 定形

定形是对已加上捻度的丝线,进行高温高压定形、高温常压定形或自然定形等,以消除加捻丝线的内应力,达到稳定捻度的目的。

8. 络筒

也称倒筒,目的是改变丝线的卷装形式,增大卷装容量,利于下道工序的使用。

9. 整经

又称牵经,是将卷绕成筒子的丝线,按织物品种规格所需要的经丝根数和长度、织物密度和幅宽,以一定的张力均匀地平行卷绕在经轴上的工艺过程。

10. 浆丝

也称浆经,是通过浆液对经丝的浸透和被覆作用,提高经丝的抱合力,增加经丝的强力和耐磨性,提高其可织性。无捻或弱捻的人造丝、合纤丝做经时需要上浆,加捻丝、网络丝和生丝做经时不需要上浆。

【技能训练】

一、棉、麻织物代表品种识别训练

(一) 目标与要求

(1) 能够区分出给定典型棉织物和麻织物的品种类别,熟悉织物的风格特征与性能指标。

(2) 能够分析出织物的主要规格,包括经纬组合、经纬密度、织物克重、织物幅宽、组织结构。

(3) 熟悉棉织和麻织物加工的主要工序的任务,初步分析典型棉、麻织物的加工工艺流程。

(4) 了解棉织、麻织产品染整加工的工艺与作用。

(二) 训练器材准备

(1) 织物:典型棉、麻织物 4~6 种(棉平布、府绸、卡其、贡缎、苎麻布、亚麻细布)若干块。

(2) 仪器:照布镜、镊子、剪刀、钢尺、分析针、酒精灯、分析天平、织物密度分析镜、显微镜等。

(三) 训练任务

(1) 说明商品名及主要风格特征。

(2) 确定织物的正反面、经纬向。
(3) 确定经纬密度。
(4) 测算经纬纱原料和线密度。
(5) 分析织物的组织。
(6) 分析织物的主要生产工艺流程。

(四) 任务完成步骤
(1) 教师布置训练任务，提出训练要求。
(2) 各小组制订方案和计划，要求方案简单明确、计划合理可行。
(3) 各小组完成训练用品的准备工作，要求准备充足、摆放有序、工作台面整洁。
(4) 各小组完成各项训练任务，要求操作规范、结果正确、无操作事故、团体合作能力强。

(五) 结果汇报与评价
(1) 撰写项目训练报告和汇报 PPT。
(2) 小组汇报，组间互评、组内互评和教师点评。

二、毛织物代表品种识别训练

(一) 目标与要求
(1) 能够区分出给定典型毛织物的品种类别，熟悉织物的风格特征与性能指标。
(2) 能够分析出织物的主要规格，包括经纬组合、经纬密度、织物克重、织物幅宽、组织结构。
(3) 熟悉毛织物加工的主要工序的任务，初步分析典型毛织物的加工工艺流程。
(4) 了解毛织产品染整加工的工艺与作用。

(二) 训练器材准备
典型毛织物 4~6 种（麦尔登、哔叽、啥味呢、大衣呢、派力司）若干块，以及照布镜、镊子、剪刀、钢尺、分析针、酒精灯、分析天平、织物密度分析镜、显微镜等。

(三) 训练任务
(1) 说明商品名及主要风格特征。
(2) 确定织物的正反面、经纬向。
(3) 确定经纬密度。
(4) 测算经纬纱原料和线密度。
(5) 分析织物的组织。
(6) 分析织物的主要生产工艺流程。

(四) 训练步骤及要求
(1) 各小组接受任务，制订训练方案和计划，要求方案简单明确、计划合理可行。
(2) 各小组完成训练用品的准备工作，要求准备充足、摆放有序、工作台面整洁。
(3) 各小组完成训练项目的各项内容，要求操作规范、结果基本正确、无操作事故、团体合作能力强。

(五) 结果汇报与评价
(1) 撰写项目训练报告和汇报 PPT。
(2) 小组汇报，组间互评、组内互评和教师点评。

三、丝织物代表品种识别训练

(一) 目标与要求

(1) 能够区分出给定典型丝织物的品种类别,熟悉织物的风格特征与性能指标。

(2) 能够分析出织物的主要规格,包括经纬组合、经纬密度、织物克重、织物幅宽、组织结构。

(3) 熟悉丝织加工主要工序的任务,初步分析典型丝织物的加工工艺流程。

(4) 了解丝织产品染整加工的工艺与作用。

(二) 训练器材准备

典型丝织物 4~6 种(纺类、绉类、绡类、绸类、缎类、锦类)若干块,以及照布镜、镊子、剪刀、钢尺、分析针、酒精灯、分析天平、织物密度分析镜、显微镜等。

(三) 训练任务

(1) 取样。

(2) 确定织物的正、反面。

(3) 确定织物的经、纬向。

(4) 确定织物经、纬向密度。

(5) 测定经、纬丝的捻向和捻度。

(6) 测定经、纬丝的织缩。

(7) 测算经、纬丝的线密度。

(8) 鉴定织物经、纬原料组合。

(9) 概算织物的平方米克重。

(10) 分析织物的组织。

(四) 训练步骤及要求

(1) 教师布置训练内容,提出训练要求。

(2) 各学习小组制订训练方案和计划,要求方案简单明确、计划合理可行。

(3) 各小组完成训练用品的准备工作,要求准备充足、摆放有序、工作台面整洁。

(4) 各小组完成训练项目各项内容,要求操作规范、结果正确、无操作事故、团体合作能力强。

(五) 结果汇报与评价

(1) 撰写项目训练报告和汇报 PPT。

(2) 小组汇报,组间互评、组内互评和教师点评。

【过关自测】

1. 常用纺织材料的代号分别是什么?
2. 纱线线密度的表示方法有哪些? 分别是如何定义的?
3. 我国纱线线密度的法定计量指标是什么? 与习惯指标间如何转换?
4. 解释捻度和捻向的定义。

5. 按线密度分,纱线分为哪几类?相应指标分别是多少?
6. 粗梳纱与精梳纱的区别是什么?它们分别主要用于什么织物?
7. 织物是如何分类的?
8. 机织物和针织物的规格用哪些参数表示?
9. 棉类织物中,常用的平纹织物有哪些种类?各有什么特点?
10. 棉类织物中,常用的斜纹织物有哪些种类?各有什么特点?
11. 棉类织物中,常用的缎纹织物有哪些种类?各有什么特点?
12. 棉类织物中,常用的绒类织物有哪些种类?各有什么特点?
13. 棉织物主要的生产工序和任务是什么?各工序各有什么作用?
14. 棉类织物的主要特点是什么?
15. 麻纤维主要有哪些特点?
16. 麻纱线主要有哪些种类?各有什么特点?
17. 麻织物主要有哪些品种?各有什么特点?主要用途是什么?
18. 什么是毛织物?羊毛织物有何特点?
19. 毛织物根据染色方法怎么分类?
20. 精纺毛织物和粗纺毛织物各有什么特点?
21. 毛织物按成品的织纹清晰度和表面毛绒状态可分为哪几类?
22. 麦尔登的表面状态有什么特点?
23. 粗纺、精纺和半精纺毛纱都经过哪些主要工序?
24. 哔叽和华达呢在织物风格和结构上有何异同?
25. 什么是梳毛、针梳和精梳?有什么作用?
26. 什么是立绒?什么是顺毛?各有什么特点?
27. 什么是炭化和缩呢?各有什么作用?
28. 什么是丝织物?丝织物分为哪十四大类?
29. 出口丝织物的全国统一编号由哪三个部分组成?12102双绉的五位数字分别表示什么含义?
30. 什么是生丝?又称为什么?生丝常用规格有哪几种?
31. 蚕丝类丝线品种有那几种?你了解目前生丝的价格吗?
32. 生丝浸渍和着色的目的分别是什么?
33. 浆丝的目的是什么?在什么情况下需要浆丝后才能织造?
34. 已知10101乔其绉的规格:经纬均为22.20/24.42 dtex×2(2/20/22 den)30捻/cm桑蚕丝,以2S2Z捻向排列,平纹组织。试确定其织造工艺流程。
35. 生坯和熟坯织物有何区别?为什么熟织工艺设计时,丝线要先并捻再练染后织造?
36. 无梭织机有哪些类型?真丝织物和合纤长丝织物分别适合采用哪种类型的织机进行织造?
37. 什么是交织物?织锦缎和线绨分别采用什么原料交织而成?

【主题拓展】纺织品市场调查报告

请利用业余时间进行市场调查,了解目前市场上流行的纺织产品品种,并列举有代表性的品种的纤维组成、组织规格、主要用途和市场价格等,写出书面调查报告。要求调查织物品种不少于9个,涉及大类不少于3种。

主要参考文献

1. 《纺织品大全(第二版)》编辑委员会. 纺织品大全. 2版. 北京:中国纺织出版社,2005.
2. 魏雪梅. 纺织概论. 北京:化学工业出版社,2008.
3. 于伟东. 纺织材料学. 北京:中国纺织出版社,2006.
4. 关立平. 机织产品设计. 上海:东华大学出版社,2008.
5. 黄翠蓉. 纺织面料设计. 北京:中国纺织出版社,2007.
6. 周蓉,聂建斌. 纺织品设计. 上海:东华大学出版社,2011.
7. 陛霞. 织物结构与设计. 北京:中国纺织出版社,2008.
8. 沈兰萍. 毛织物设计与生产. 上海:东华大学出版社,2009.
9. 祝永志. 面料设计. 北京:中国劳动社会保障出版社,2011.
10. 李超杰. 丝织物设计与产品. 上海:东华大学出版社,2006.

项目三 染料识别与选用

> **学习目标要求**
>
> （一）应知目标要求：掌握染料的概念、分类、命名及其重要质量指标（力份、染色牢度等）；熟悉各类染料的主要应用对象和应用特点；了解染料颜色的产生原因和颜色的表征；认识染料的结构与一般应用性能之间的关系；了解颜料、荧光增白剂、禁用及环保染料的基本概念；拓展了解天然染料及其应用和发展趋势。
>
> （二）应会目标要求：能正确选择常见纤维的染色用染料；会解释染料颜色产生的原因；会描述染料结构与应用性能的一般关系；会使用可见分光光度计测定染料的吸收光谱、标准曲线、力份；能设计实验方案测定染料比移值，并比较染料的亲和力（直接性）等应用性能。

【情景与任务】

东方米兰艺术印染社是某校新建大学生创业工作社团，社长由教学及管理经验丰富的米兰教授担任。社团设三类创业项目：一是研发制作服饰类扎染、蜡染、喷绘作品，以满足展销；二是承接成衣或面料扎染批量生产订单，创造经济效益，反哺社团运作；三是设立手绣手编学习房，招收培训学员进行各色纤维材料染色制作、缝绣、编结、纤维废旧物饰品创作等，旨在提升学员业余生活情趣和创新生活能力。社团设有采购管理岗、产品研发岗、订单业务岗、培训管理岗等多个岗位，确保社团有序开展工作。

社团现基础设施具备，目前，急需完成两项任务：一是购置染料助剂；二是编制常用染料使用说明书。米兰社长将学生分成两大组，下达任务，提供学习资料，要求：采购管理岗及订单业务岗的学生，两周内完成常用染料的采购，并做好库管记录；产品研发岗及培训管理岗的学生，两周内完成常用各类染料使用说明书的编制，并印刷成精美手册，以方便使用。

相关岗位的学生明确了任务，在专业教师的指导下，通过学习教材、查阅资料，熟悉了染料分类及选用、命名及质量评价等知识，明确了常用染料结构及其性质特点，并亲手操作试验了新购进染料的性能，按时完成了米兰社长布置的任务，为社团后序实质性地开展各项目工作奠定了基础。

任务一 认识染料与颜料

在纺织品印染加工中，有两类色素被用于染色或印花生产，依靠它们赋予纺织品绚丽的色彩，美化着人们的衣着服饰或居住环境。这两类色素就是染料和颜料。

一、染料的基本概念

染料是一类有颜色的有机化合物，采用适当的方法，能使其他物质获得鲜明而坚牢的颜色。

染料主要用于棉、毛、丝、麻、各种再生纤维及合成纤维的染色和印花。染料用于纺织纤维的染色加工，除应有鲜艳的颜色外，还应具备以下性质特点：

（1）染料的溶解性。指染料一般能溶于或稳定分散在溶剂中，也称染料的成液性。这里的染料的溶解性是指大多数染料能直接溶于水，或经过化学处理后能溶于水，或者经过处理后能在水中成为稳定的分散液而被应用。

（2）染料的选择性。染料对纤维上染是有选择性的。不同类型的纤维因化学组成及结构的差异，染料对其的染色性能必然存在差异。因而，能用于棉纤维染色的染料不一定可用于涤纶纤维，反之亦然；在涤纶纤维上染色性能优良的染料，在其他纤维上却不尽然；等等。

（3）染料的亲和力。染料对适应的纤维染色时，表现为有良好的亲和力（直接性）和各项坚牢度。

染料除了作为纤维制品的着色物料外，也广泛地应用于塑料、橡胶、油墨、皮革、食品、造纸等工业。

二、颜料的基本概念

颜料是不溶于水和一般有机溶剂的有机或无机有色化合物，经适当处理后能机械地附着在物体表面，或者以微小的颗粒高度分散在着色物中。

颜料的主要应用领域是油漆、油墨，约占颜料产量的1/3；其次为橡胶、塑料，以及合成纤维原液着色和皮革着色；而且在纺织品染色和印花（称为涂料染色和印花）中得到广泛应用。尤其近年来，随着纺织品印染业节能减排的产业发展要求，涂料染色和印花因工艺流程短、少用水的优点，越来越受到业内重视。

颜料本身对纤维没有染着能力，使用时需要借助某些高分子物（黏合剂）的成膜作用，将颜料的微小颗粒黏着在纤维的表面，或者作为色母料高度分散在高分子材料中，故对纤维无选择性。

任务二
染料的分类、命名与质量评价

一、染料的分类与选用

染料的分类一般有两种方法：一种是按照染料分子的化学结构分类，称为化学分类，适用于染料分子结构和染料合成的研究；另一种是按照染料的应用性能分类，称为应用分类，适用于染料应用性能的研究。由于染料的分子结构决定染料的性能，因此两种分类方法不能截然分开。

(一) 染料的化学分类

化学分类方法是根据染料分子中相似的化学结构、共同的发色团等进行分类,一般分为以下类别:

1. 偶氮染料

分子中含有偶氮基(—N═N—)的染料,有单偶氮、双偶氮和多偶氮染料。

2. 蒽醌染料

分子中含有蒽醌结构的染料,包括蒽醌和具有稠芳环的醌类染料。

3. 芳甲烷染料

根据一个碳原子上连接的芳环数的不同,芳甲烷染料分为二芳甲烷和三芳甲烷结构的染料。

4. 靛族染料

分子中含有靛蓝或类似结构的染料,包括靛蓝和硫靛结构的染料。

5. 酞菁染料

分子中含有四氮卟吩结构的染料。这类染料色泽鲜艳,主要有翠蓝和翠绿两个品种。

6. 硫化染料

用硫或多硫化钠的硫化作用制成的染料。

7. 硝基和亚硝基染料

含有硝基(—NO_2)的染料称为硝基染料,含有亚硝基(—NO)的染料称为亚硝基染料。

8. 菁系染料

又称多甲川或杂氮甲川染料,分子中含有次甲基(—CH═)。

9. 杂环染料

分子中含有杂环结构的染料。

(二) 染料的应用分类

根据染料的应用特性,主要可分为以下几类:

1. 直接染料

直接染料绝大多数是含有磺酸基的偶氮染料,可溶于水。由于染料本身结构的特殊性,对纤维素纤维有较强的亲和力,能在弱碱性或中性染浴中直接上染棉、黏胶纤维织物,也可以在弱酸性染浴中对蛋白质纤维染色。但这类染料的水洗色牢度不好。

2. 酸性染料、酸性媒染染料、酸性含媒(络合)染料

酸性染料分子中含有磺酸基或羧基,通常以水溶性钠盐存在,在酸性或弱酸性介质中能上染蛋白质纤维、锦纶,但不能染纤维素纤维。

酸性媒染染料与酸性染料的性质相似,其特点是在偶氮基的邻位上含有羟基、羧基等能与金属螯合的基团。经金属媒染剂处理后,染料能够和金属离子形成坚牢的络合物。

酸性含媒(络合)染料是在染料生产过程中与某些金属离子络合,形成一种络合物。其中,染料分子与金属离子以1∶1的比例螯合而成的染料,称为1∶1型酸性络合染料。这种染料可溶于水,主要在强酸性浴中染毛织物。由两个染料分子与一个金属离子络合而成的染料,则称为2∶1型金属络合染料,即中性染料;其水溶性较酸性络合染料差,可在弱酸性或中性染浴中染羊毛、维纶、锦纶。

3. 活性染料

这类染料分子结构中带有反应性基团(称为活性基),染色时可与纤维分子中的羟基或氨基反应生成共价键结合,成为"染料—纤维"整体,故又称为反应性染料。这类染料的母体中也含有磺酸基或羧基等水溶性基团,主要用于棉、麻、丝等纤维的染色,亦能用于羊毛和合成纤维的染色。

4. 硫化染料

这种染料不溶于水,需用硫化钠还原成为可溶性隐色体而染色,经氧化后又变成不溶性染料而固着在纤维上。它主要用于棉织物的染色。

5. 还原染料、可溶性还原染料

还原染料又称士林染料,本身不溶于水,染色时需要用保险粉(低亚硫酸钠)在碱性介质中还原成隐色体钠盐,上染纤维,再经空气或氧化剂氧化,恢复成原来的染料,在纤维上形成坚牢的色泽。这种染料主要用于棉的染色,有时也可染维纶。

可溶性还原染料是将还原染料的隐色体进行酯化,制成还原染料隐色体的硫酸酯钠盐或钾盐而溶于水,染后用稀硫酸和亚硝酸钠溶液处理,氧化成不溶于水的还原染料。这种染料主要用于棉布的染色和印花。

6. 不溶性偶氮染料

又称冰染料或纳夫妥染料,由重氮剂和偶合剂两个部分组成。染色时先用偶合剂打底,然后再浸轧重氮剂,此时在织物上形成染料。由于该染料不溶于水,故称为不溶性偶氮染料,主要用于棉织物的印染。

7. 分散染料

分散染料分子中不含水溶性基团,在水中的溶解度极小。应用时靠分散剂将分散染料分散成极细颗粒而进行染色,主要用于涤纶、醋酯纤维,也可用于锦纶、腈纶的淡色染色。

8. 阳离子染料

该类染料能溶于水,因在溶液中电离出带阳离子的有色基团而得名,主要用于染腈纶,色泽鲜艳,色牢度优良。

9. 缩聚染料

缩聚染料是近20年发展起来的一类染料,可溶于水,在纤维上能脱去水溶性基团而发生分子间的缩聚反应,成为相对分子质量较大的不溶性染料而固着在纤维上。此类染料主要用于纤维素纤维的染色和印花,也可用于维纶的染色。

10. 荧光增白剂

实际上它是一类无色染料,当它上染纤维基质后,能吸收紫外线,发射出蓝紫色光线,从而提高纤维等基质的白度。不同品种的荧光增白剂可用于不同种类的纤维的增白。

(三) 染料的选用依据

1. 根据纤维性质选用染料

各种纤维由于本身性质不同,进行染色时需要选用相适应的染料。例如棉纤维染色时,由于它的分子结构上含有许多亲水性的羟基,易吸湿膨化,能与反应性基团起化学反应,并较耐碱,故可选择直接、还原、硫化、不溶性偶氮染料及活性等染料染色。再如涤纶的疏水性强,高温下不耐碱,一般情况下不宜选用上述染料,而应选择分散染料进行染色。

2. 根据被染物用途选用染料

由于被染物用途不同,故对染色成品的牢度要求也不同。例如用作窗帘的布是不常洗的,但要经常受日光照射,因此染色时应选择耐晒牢度较高的染料。再如作为内衣和夏天穿的浅色织物,由于要经常水洗、日晒,所以应选择耐洗、耐晒、耐汗色牢度较高的染料进行染色。

3. 根据染料成本选用染料

在选择染料时,不仅要从色光和牢度上出发,同时要考虑染料和所用助剂的成本、货源等。如价格较高的染料,应尽量考虑采用能够染得同样效果的其他染料,以降低生产成本。

4. 根据染色性能相近性选用拼色染料

需要拼色时,选用染料应注意它们的成分、溶解度、色牢度、上染率等性能的相近性。由于各类染料的染色性能有所不同,在染色时往往会因温度、溶解度、上染率等不同而影响染色效果。因此,进行拼色时必须选择性能相近的染料,并且越相近越好,以利于工艺条件的控制和染色质量的稳定。

5. 根据染色方法和设备选用染料

由于纤维制品形态多样、设计风格各异,染色加工方法和设备会有所不同,对选用染料的性质和要求也不相同。例如,用于涤纶制品高温高压浸染时,选择匀染性好的低温型分散染料,染色质量易于控制;而高温热熔轧染时,因该方法和设备属于干法高温热熔固色,则适合选用高温耐升华类型的分散染料进行染色。

二、染料的命名

染料的分子结构绝大多数比较复杂,有些化学结构还未确定。在工业生产中,染料又常含有异构物和其他杂质混合物。因此,有机化合物的学名常常不适用于染料,必须有专用的染料名称,以直接反映出染料的颜色和应用性能。

(一) 染料的三段命名法

我国对染料采用统一命名法,按规定,染料名称由三个部分组成:第一部分为冠称,表示染料的应用类别,又称属名;第二部分是色称,表示染料的色泽名称;第三部分是尾称,以拉丁字母或符号表示染料的色光、形态及特殊性能和用途。由于我国染料名称通常由上述三部分组成,所以称为三段命名法。

1. 冠称

冠称主要表示染料应用分类属于哪一类,例如直接、酸性、活性、分散等。个别染料的冠称表示该染料的组成,如甲基橙、溴靛蓝等。国外的染料冠称基本上相同,但常根据各国厂商而异。

2. 色称

色称表示织物用该染料染色后所得到的颜色名称。国内统一规定的色称为:嫩黄、黄、深黄、金黄、橙、大红、红、桃红、玫瑰红、红紫、枣红、紫、翠蓝、湖蓝、蓝、艳蓝、深蓝、艳绿、绿、深绿、黄棕、红棕、棕、深棕、橄榄、橄榄绿、草绿、灰、黑、等。

3. 尾称(尾注)

尾称通常以一定的字母符号和数字来说明染料的色光、色牢度、性状、染色性能等,也有不少符号是国外厂商任意附加的。

(1) 尾注中常用字母符号的含义见表 3-1。

表 3-1 染料尾注中常见字母符号含义

字母	含义	字母	含义
B	蓝光	N	新型或标准
G	黄光或绿光	P	适用于印花
V	紫光	E	表示浓,匀染性好,分散染料低温型
R	红光	S	升华牢度好,分散染料高温型,标准
Y	黄光	M	含双活性基的活性染料,混合物
F	牢度高,鲜艳	KN	乙烯砜型活性染料
D	稍暗	H	热固型活性染料
I	相当于还原染料坚牢度	W	染羊毛用
C	色基盐酸盐,适用于染棉,耐氯漂	X	低温型活性染料
L	耐晒牢度(耐光色牢度)高,或可溶性	K	热固型活性染料

(2) 有关数字含义。表示染料色光强弱程度时,常用几个字母或数字加字母表示。例如：BB 或 2B,表示其色光较 B 稍蓝;3B 则表示其色光较 2B 更蓝。

染料名称中的百分数,用来表示染料的强度,又称染料的力份。力份是商品染料的一个重要质量指标,详见本任务中的"染料质量评价"。

命名举例：

如活性艳红 K-2BP 150%。其中,"活性"为冠称,"艳红"为色称,"K"为高温型活性染料,"B"表示偏蓝光,"2"表示偏蓝光的程度,"P"表示适用于印花,"150%"表示染料力份。

再如分散艳蓝 FFR。其中,"分散"为冠称,"艳蓝"为色称,"FF"表示色牢度高和鲜艳的程度,"R"表示红光。

我国染料命名法还存在不少问题,许多尾称符号尚未有统一的意义,有时还借用外国商品牌号,没有统一型号,因此不能满足国内染料工业发展的需要,尚需进一步简化统一。

(二)《染料索引》

《染料索引》(Colour Index,缩写为 C.I.)由英国染色和印染工作者协会,以及美国纺织化学和印染工作者协会合编出版。它是一部国际性的染料、颜料品种汇编。它将世界上各主要染料生产企业的商品,分别按照它们的应用性能和化学结构归纳、分类、编号,逐一说明它们的应用特性,列出结构式,有些还注明合成方法,并附有同类商品名称对照表。

《染料索引》的前一部分(第一~三卷),将染料按应用类别分为 20 大类[如酸性、不溶性偶氮偶合组分、碱性染料(阳离子染料)、直接染料、分散染料、荧光增白剂、食品染料、媒染染料、颜料、活性染料、溶剂染料、硫化染料和还原染料等];在每一应用分类下,将颜色划分为 10 类,按色称黄、橙、红、紫、蓝、绿、棕、灰、黑、白的顺序排列;再在同一颜色下,对不同染料品种编排序号,称为"染料索引应用类属名称编号",如卡普隆桃红 BS—酸性桃红 138(C. I. Acid Red 138)、分散藏青 H-2GL—分散藏青 79(C. I. Disperse Blue 79)、还原蓝 RSN—还原蓝 4(C. I. Vat Blue 4)。这三卷中还以表格形式给出了应用方法、用途、较重要的牢度性质和其他基本数据。

《染料索引》的后一部分(第四卷)对已明确化学结构的染料品种,按化学结构分类分别给以"染料索引化学结构编号",结构未公布的染料无此编号,卡普隆桃红 BS (C. I. 18073)、分散藏青 H-2GL (C. I. 11345)、还原蓝 RSN (C. I. 69800)。这卷中还列出了一些染料的结构式、制造方法概述和参考文献(包括专利)。第一、二、三卷和第四卷之间的内容是交错参考、相互补充的。

第五卷为索引,包括各种牌号染料名称对照、制造厂缩写、牢度试验的详细说明、专利索引,以及普通名词和商业名词的索引。

现在各国书刊及技术资料中均广泛采用染料索引号来代表某一染料名称,借用《染料索引》的这两种编号,可以帮助人们很容易地了解某一个染料品种的结构、颜色、性能、使用方法、来源,以及其他可供参考的内容。

三、染料的质量评价

商品染料的质量评价包括两个方面:一是染料的染色牢度指标,即染料在纤维织物上或其他被染物质上所表现的各项牢度指标,这是衡量染料质量的重要指标;二是染料的物理指标。每类染料有各自的物理指标、应用对象和在被染纤维织物上被评定的各项牢度指标。

(一) 染色牢度指标

染色牢度是指染色制品在使用或在以后的加工过程中,染料或颜料在各种外界因素影响下,能保持原有色泽的能力。

染色牢度是衡量染色成品的重要质量指标之一,容易褪色的染色牢度低,不易褪色的染色牢度高。染色牢度在很大程度上取决于染料的化学结构。此外,染料在纤维上的物理状态、分散程度,以及染料与纤维的结合情况、染色方法和工艺条件等也有很大影响。

1. 染色牢度分类

染料在纺织品上所受的外界因素作用的性质不同,就有各种相应的染色牢度,如日晒、皂洗、气候、氯漂、摩擦、汗渍、耐光、熨烫色牢度,以及毛织物的耐缩绒和分散染料的升华色牢度等。

(1) 染色制品在染整加工过程中的色牢度包括以下几种:

① 耐漂白色牢度:染料色泽经受氧化漂白后的稳定程度。

② 耐酸/耐碱色牢度:染料色泽对酸/碱的耐受程度。

③ 耐缩绒色牢度:羊毛织物染色后进行碱性缩绒处理时染料色泽的稳定程度。

④ 耐升华色牢度:涤纶织物分散染料对高温的稳定程度。

(2) 染色制品在使用过程中的色牢度包括以下几种:

① 耐日晒色牢度:在日光作用下染色织物的色泽或染料在其他物质内的稳定程度。

② 耐皂洗色牢度:常称为耐皂洗色牢度,染色织物的色泽经肥皂溶液或洗涤剂溶液洗涤后的稳定程度。

③ 耐气候色牢度:在周围气候条件(日晒、雨淋)侵蚀下,染色织物的色泽或染料在其他物质内的稳定程度。

④ 耐汗渍色牢度:染色织物色泽经人体的分泌物(主要是汗渍)作用后的稳定程度。在评定耐洗涤色牢度和耐汗渍色牢度的同时,还要评定其在白织物上的沾色程度。

⑤ 耐摩擦色牢度:染色织物经受多次机械摩擦后其色泽的稳定程度。

⑥ 耐氯浸色牢度：城市生活用水中含有不同含量的氯气。耐氯漂色牢度是指染色织物的色泽经此水浸渍或洗涤后的稳定程度。

⑦ 耐烟褪色牢度：城市空气中经常含有污染空气的酸性气体，如二氧化氮、二氧化硫等。它们具有酸性，也可参与化学反应。染色织物的色泽经受这类气体侵蚀后的稳定程度即为耐烟褪色牢度。

印染纺织品在使用过程中，还有其他要求的染色牢度，如耐熨烫、耐海水、耐干洗、耐唾液等色牢度。对消费者来说，一般比较关注的主要包括日晒、皂洗、汗渍、摩擦、刷洗、熨烫、烟气等色牢度。

2. 染色牢度的评价指标

色牢度项目检测必须按照一定的标准方法进行，方法标准有很多，如国家标准（GB）、国际标准（ISO）、美国纺织化学师与印染师协会（American AssoClation of Textile Chemists and Colorists，简称 AATCC）标准[简称美标（AATCC）]等。纺织品的实际使用情况比较复杂，这些试验方法只是一种近似的模拟。

色牢度指标的结果评价是按照标准方法试验后，根据试样颜色变化（褪色）和贴衬织物（白布）沾色程度，对比褪色灰色样卡和沾色灰色样卡进行色牢度等级评定。除日晒牢度分为1~8级外，其他色牢度皆分为1~5级，级数越大，牢度越高。随着数字化技术在印染中的应用，染色制品颜色的改变，也可以采用色差计和电脑测色配色系统（印染 CAD 系统）进行色差值测试，并可以针对色差与色级之间的关系，形成色牢度或色差级数的评价。

纺织品的用途不同或加工过程不同，它们的色牢度要求也不一样。为了对产品进行质量检验，参照国际纺织品的测试标准，我国制定了一系列染色牢度的测试方法。下面举例简单介绍：

（1）日晒色牢度。染色织物的日晒褪色是一个比较复杂的过程。在日光作用下，染料吸收光能，分子处于激化态而变得极不稳定，容易发生某些化学反应，使染料分解褪色，导致染色织物日晒后产生较大的褪色现象。日晒色牢度随染色浓度而变化，浓度低的比浓度高的日晒色牢度差。同一染料在不同纤维上的日晒色牢度也有较大差异，如靛蓝在纤维素纤维上日晒色牢度仅为3级，但在羊毛上则为7~8级。日晒色牢度还与染料在纤维上的聚集状态、染色工艺等因素有关。

日晒色牢度共分8级，1级最差，8级最好。

（2）皂洗色牢度。指染色织物在规定条件下于肥皂液中皂洗后褪色的程度，包括原样褪色及白布沾色两项。原样褪色是印染织物皂洗前后的褪色情况。白布沾色是将白布与已染物缝叠在一起，经皂洗后，因已染物褪色而使白布沾色的情况。

皂洗色牢度与染料的化学结构和染料与纤维的结合状态有关。除此之外，皂洗色牢度还与染料浓度、染色工艺、皂洗条件等有关。

皂洗牢度的试验条件随构成织物的纤维品种而不同，常用皂洗温度可分为 40 ℃、60 ℃和 95 ℃ 三种（每个染厂都有自己的特定皂洗温度）。测试样品经试验、淋洗、晾干后，即用灰色褪色样卡按国家规定标准进行评级。皂洗牢度分为5级9档，其中1级最差，5级最好。沾色也分为5级9档，1级沾色最严重，5级为不沾色。

（3）摩擦色牢度。染色织物的摩擦色牢度分为干摩擦和湿摩擦两种。前者是用干燥白布摩擦染色织物，看白布的沾色情况；后者用含水率为 100% 的白布摩擦染色织物，看白布的沾色情况。湿摩擦由外力摩擦和水的作用而引起，其色牢度一般低于干摩擦色牢度。

织物的摩擦色牢度主要取决于浮色的多少、染料与纤维的结合情况和染料渗透的均匀度。如果染料与纤维发生共价键结合，则它的摩擦色牢度较高。染色时所用染料浓度常常影响摩擦色牢度。染色浓度高，容易造成浮色，则摩擦色牢度低。摩擦色牢度由沾色灰色样卡依 5 级 9 档制比较评级，1 级最差，5 级最好。

评定染料的染色牢度，应将织物染成规定色泽浓度才能进行比较。这是由于染色浓度不同，会使测得的色牢度不同。有关染后织物的各项染色牢度的试验方法，应根据国家规定的方法进行，各项色牢度的标准也应以国家标准为准。

（二）染料的物理性指标

商品染料的物理性指标主要包括染料含量、杂质的含量，以及无机盐、填充剂或其他助剂的含量。此外，还有固体染料的细度和分散度、水分含量、染料在水中的溶解度等，染料在某特定溶剂中的最大吸收波长和染料的色度值等，以及染料的色光和强度（力份）等。对各种物理指标也规定了标准测试方法。染料生产企业在生产中需要对染料半成品及成品进行各项指标测试，便于质量监控和管理，确保染料品质。

在印染企业，染料强度（又称染料力份）是一个重要检测指标。一般而言，印染厂所购进的每一批每一种染料，使用前都需要对染料的力份进行检测（采用打单色样的方法），以便进一步了解染料的色光及强度情况，指导染色工艺制订。

所谓染料强度（力份），是指染料生产厂家规定某一浓度的染料作为标准（通常规定力份为100％），其他浓度的染料与之做比较，所得浓度比值的百分数。

若染料的强度（力份）比标准染料高 1 倍，则其强度（力份）为 200％，依次类推，所以染料强度（力份）是一个相对数字。

四、染料的商品化加工

将原染料经过混合、研磨，并加以一定数量的填充剂和助剂，加工处理成商品染料，使染料达到标准化的过程，称为染料商品化。染料商品化加工对稳定染料成品的质量，提升染料的应用性能和产品质量，至关重要。

染料可加工成粉状、超细粉状、浆状、液状和粒状商品。浆状不便于运输，长期储存易发生浓度不匀现象。某些染料制成液状，既方便应用、节约能量，又可改善劳动强度。根据染料种类、品种不同而定出一定规格，粉状和粒状一般规定细度，通过一定目数的筛网，用质量分数表示，同时说明外观的色泽。

在染料商品的加工过程中，为了获得某些效果，往往选用各种助剂。这些助剂在染料应用时可以帮助染料或纤维润湿、渗透，促使染料在水中均匀分散，使染色或印花过程顺利进行。

对非水溶性染料，如分散染料、还原染料，要求能在水中迅速扩散，成为均匀稳定的胶体状悬浮液，分散染料颗粒的平均粒径在 1 μm 左右（1 μm＝10^{-6} m）。因此，在商品化加工过程中加入扩散剂、分散剂和润湿剂等，一起进行研磨，达到所要求的分散度后，加工成液状或粉状产品，最后进行标准化混合。以下是两种液状商品染料的配方实例：

例一：50％C. I. 分散黄 88

染料	114 g(含固率35%)
木质素分散剂	80 g
杀菌剂	0.6 g
整合剂	1.4 g
非离子型分散剂	52 g
乙二醇	32 g
水	500 g

例二：100%分散黑

C.I.分散蓝79	47.7 g
C.I.分散橙30	40.8 g
C.I.分散红167	6.7 g
木质素分散剂	69 g
丙三醇	13 g(润湿剂)
杀菌剂	0.125 g
水	223 g

任务三　染料的颜色解读

人们能看到某一物体有颜色是由于光的存在。在黑暗中，即使物体具有颜色，也无法辨别；同一物体在阳光和荧光灯下，色泽常常会有差异。这些事实都说明光与色之间有密切的关系。

一、光与色的基本概念

（一）光的本质

光是一种电磁波，具有波动性和粒子性。其波动性表现为，光在真空中的传播速度 $C = \upsilon\lambda$。光的粒子性说明，光不是连续的波，而是由一个个微粒组成的。这些光的微粒，称为光子或光量子。每个光子或光量子具有一定的能量，其能量 E 和它的频率 υ 的大小成正比，可用下式表示：

$$E = h\upsilon = hC/\lambda \tag{3-1}$$

式中：h——普朗克常数，其值为 6.6×10^{-37} kJ·s；

　　　C——光速($C \approx 3.0 \times 10^8$ m/s)；

　　　υ——频率(s^{-1})；

　　　λ——波长(nm)。

（二）可见光

电磁波谱包括 γ 射线、X射线、紫外线、可见光、红外线和无线电波等，如图3-1所示。它们之间所不同的是波长和频率的差别。可见光的波长范围一般认为是380～780 nm(1 nm＝0.001 μm)，是电磁波范围内很小的一部分。此范围以外的电磁波，人的眼睛都感觉不到。

项目三　染料识别与选用

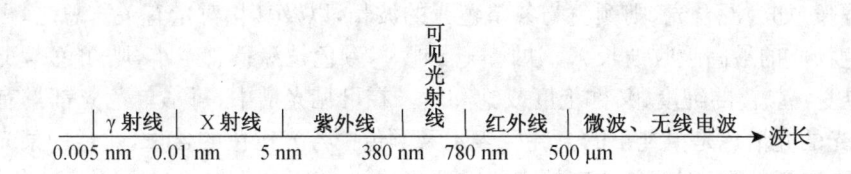

```
          可
          见
          光
          射
          线
┌────┬────┬────┬──┬────┬────────┐
│γ射线│X射线│紫外线│  │红外线│微波、无线电波│→波长
└────┴────┴────┴──┴────┴────────┘
0.005 nm  0.01 nm  5 nm  380 nm  780 nm  500 μm
```

图 3-1　电磁波谱示意图

可见光是一种复色光,在一定条件或光学仪器下,可色散成为红、橙、黄、绿、青、蓝、紫等色光。

当可见光作用于物体时,可以发生反射、吸收、透射等现象。当然,这些现象不一定同时发生,与物体自身的结构、状态等有关。其中,反射和透射部分的光,人的眼睛能看得见;而被物体吸收部分的光,人的眼睛则不再看得见,如图 3-2 所示。

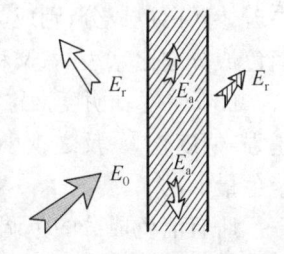

图 3-2　光的反射、吸收和透射

(三) 光与色的关系

1. 互补色光、互为补色

颜色是可见光作用于物体后,反射或透射的光线再传递至人的大脑神经的一种感觉。没有光就没有色。如果两束有色光相加形成白光,则这两种色光称为互补色光,而这两种光的颜色称为互为补色。例如:一定量的黄光和蓝光混合成为白光,则黄光和蓝光互为补色光。光的互补关系如图 3-3 所示。

2. 物质的颜色

有色物质吸收掉可见光中某一部分有色光之后,剩余光的颜色就是物质的颜色。显然,被吸收的色光和剩余部分的色光是互补色光关系。不同的有色物质对于来自于光源的各种单色光的吸收具有选择性,表现为对不同单色光有不同的吸收率,对某些光波吸收得较多,而对另外的光波吸收得较少。这正是物质颜色产生的原因。例如:黄色布对日光中的蓝色光波大量吸收,而将其互补色——黄色反射出来;树叶大量吸收日光中的紫光,而反射出它的互补色——绿光。

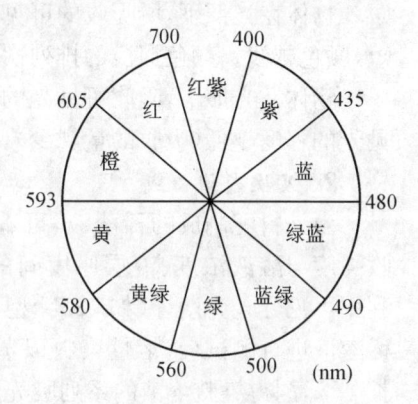

图 3-3　光谱色及补色颜色环

颜色可分为彩色和非彩色两类,黑色、白色、灰色都是非彩色(也称消色),红色、橙色、黄色、绿色、蓝色、青色、紫色等为彩色。

如果物质对可见光全部吸收(对各种可见光的吸收率均达 95% 以上),则呈现黑色;全部反射(对各种可见光的反射率均达 85% 以上),则呈现白色;全部透过(对各种可见光的透过率均达 90% 以上),则呈现透明色;对各种可见光均匀吸收一部分、又均匀反射一部分,则呈现灰色。

3. 颜色的三要素

颜色视觉有三个基本特征,即色调、纯度和亮度。

(1) 色相。色相又称色调。色调是颜色的最基本性质,用以区别各种颜色的性质,如黄、红、蓝等。它大致相当于某一种主原色。如果射入人眼的光为单色光,则颜色色调完全取决于单色光的波长；如为混合光，则颜色与各单色光的波长，以及其相对量有关。总之，可以说色调主要由有色物质的最高吸收波长 λ_{max} 决定，λ_{max} 越大，颜色越深；λ_{max} 越小，则颜色越浅。

（2）纯度。颜色的纯度，又称艳度或饱和度。在可见光谱中，每一单色光都具有一定的颜色，且单色光的光谱色是极纯正的。纯度表示某颜色中各光谱色的含量，颜色中某光谱色含量越多，其他光谱色越少，则颜色纯度越高。需要指出，白色、中性灰色和黑色等颜色，不含光谱色，其纯度为零。称这类颜色为消色。这种消色成分越多，则纯度越低。例如，同色调的红色中若掺入白色成分，则成为粉红色；此色可看成纯度较低的红色。纯度可用颜色中彩色成分和消色成分之比来表示，又称彩度或艳度。

（3）明度。明度又称亮度，是物体单位面积反射或透射光线对视觉的刺激程度。反射光越强，明度越大；反之越小。白色的明度最大，黑色最小。在纯正光谱色中，黄色的明度最高，紫色最低。

所有消色成分的色调和纯度都是相同的，但明度不同，明度越小，越接近黑色。绝对黑体的明度为零。反之，越接近白色，明度越大。明度可用物体表面对光的反射率表示。

若颜色视觉的三个基本特征中有一个特征不同，则两种颜色就不相同。

（四）颜色的表征

1. 颜色的深浅和浓淡

物体在光照下，所吸收的可见光最大波长越长，则呈现的颜色越深；反之，最大吸收波长越短，颜色越浅。颜色深浅的排列次序为黄、橙、红、紫、蓝、青、绿。

物体在光照下，吸收可见光的程度越高（吸收的量越多），则呈现的颜色越浓；反之，吸收可见光的程度越低（吸收的量越少），颜色越淡。

2. 吸收光谱曲线

由染料配制成的稀溶液，可看作理想溶液。它对单色光的吸收强度与溶液浓度、液层厚度间的关系服从 Lambert-Beer 定律。利用可见分光光度计（如 722N 型可见分光光度计）对任一染料的稀溶液进行测试（水溶性染料以蒸馏水作为参比溶液），在不同波长 λ 下，测得染料溶液的系列吸光度 A，以波长 λ 为横坐标，对应的 A 为纵坐标，绘制 $\lambda-A$ 的关系曲线，称为染料溶液的吸收光谱曲线，如图 3-4 所示。

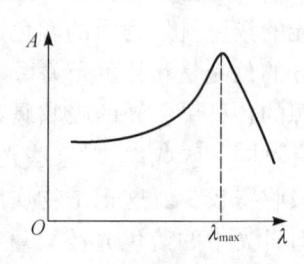

图 3-4 染料溶液的吸收光谱曲线

从图 3-4 可以看出，在某一波段内有一个吸收带，它的最大吸收波长称为该吸收带的最大吸收波长，以 λ_{max} 表示，用相应的吸光度，可计算出摩尔吸光系数 ε_{max}。

3. 反射光谱曲线

研究染色制品的得色深浅或浓淡时，可以借助反射光谱曲线。以入射光波长（λ）为横坐标，相对反射率（R）为纵坐标，可绘制反射光谱曲线。有色物的 R 值越低，则吸收的程度越强（测定时，忽略有色固体对光的透射），如图 3-5 所示。

染色织物的表面色深（K）与反射率（R）的关系常用 Kubelka-Munk 公式表示：

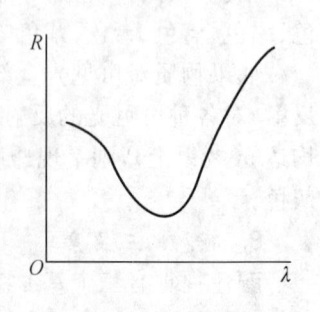

图 3-5 反射光谱曲线图

$$\frac{K}{S} = \frac{(1-R)^2}{2R}$$

式中：K——吸收系数；

S——散射系数；

K/S——表面色深，又称表观深度。

4. 深（浅）色效应和浓（淡）色效应

物质颜色的深浅是对物质吸收的光波在光谱中的位置而言的，由最大吸收波长（λ_{max}）所决定。物质吸收的 λ_{max} 愈短，则颜色愈浅。物质颜色的浓淡是表示同一种染料的颜色强度，即物质吸收一定波长光线的量的多少，由最大摩尔吸光系数（ε_{max}）所决定，如图 3-6 所示。

人们把能增强染料吸收波长的效应称为深色效应，把增强染料吸收强度的效应叫作浓色效应；反之，把降低染料吸收波长的效应称为浅色效应，把降低染料吸收强度的效应叫作淡色效应。

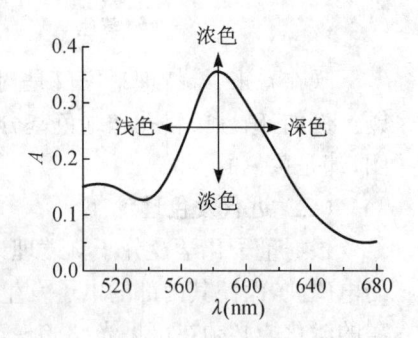

图 3-6 吸收光谱曲线位移

二、染料发色理论

自从合成染料问世后，人们一直在不断探讨染料发色的原因，先后提出了一些理论，从不同角度解释染料发色现象。其中，早期影响较大的是发色团、助色团理论。近代量子力学的发展使人们对物质结构的认识有了一个新的突破，它使光谱学进入了一个新的境界。此后，人们对染料颜色和结构的关系开始从一个新的角度，即从量子力学的角度进行研究。

（一）早期发色理论——发色团、助色团理论

发色团理论是德国人维特在 1876 年提出的，也称维特理论。维特认为染料的颜色是由染料分子结构中的双键引起的。这些双键基团称为发色团，如—N=N—、=C=C=、—N=O、—NO$_2$、=C=O 等。但是，并非所有含发色团的有机化合物都有颜色。只有当这些发色团与特殊结构的碳氢化合物相连，形成足够长的共轭体系时，方能发出颜色。这些碳氢化合物绝大多数是芳香烃类，把含有发色团的共轭体系称为发色体。例如：

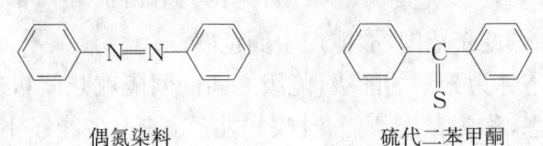

偶氮染料　　　　　　　硫代二苯甲酮

维特还认为，发色体虽然具有颜色，但色泽往往不是很深，强度也不太大，与纤维的亲和力较小，染色性能较差。如果在发色体上引入某些基团，不但能使颜色加深，而且可提高染色性能。这样的基团称为助色团，如—OH、—OR、—NH$_2$、—NHR、—NR$_2$、—Cl、—Br、—I，以及—COOH(Na)、—SO$_3$H、—SO$_2$NH$_2$、—CONH$_2$ 等。其中，主要的助色团有—NH$_2$、—NHR、—NR$_2$、—OH、—OR 等。此外，磺酸基(—SO$_3$H)、羧基(—COOH)等为特殊助色团，它们对发色并无显著影响，但可以使染料具有水溶性，以及对某些物质具有染色能力。

维特理论对于许多染料，如偶氮、蒽醌、硝基和亚硝基染料的发色性质、结构和颜色的关系，都能较好地加以解释。由于历史原因，维特的发色团、助色团这两个名词现在仍被广泛使用,但它们的含义已经有了变化。

浅黄色　　　红色　　　红色

现在看来,维特理论仅仅是对一些现象的归纳,且有许多例外。它不能从本质上说明问题。例如,碱性染料孔雀绿色基分子虽然有发色团和助色团,但仍然是无色的;碘仿虽无发色团,却是黄色的。

(二) 近代发色理论

根据量子化学及分子轨道理论,有机化合物呈现不同的颜色,是由于该物质吸收不同波长的电磁波,而使其内部的电子发生跃迁所致。能够作为染料的有机化合物,其内部电子跃迁所需的激化能必须在可见光(380~780 nm)范围内。

研究认为,染料的颜色主要是染料分子中的价电子在可见光作用下发生 $\pi \rightarrow \pi^*$(或伴随有 $n \rightarrow \pi^*$)跃迁的结果,因此研究物质的颜色和结构的关系可归结为研究共轭体系中 π 电子的性质,即染料对可见光的吸收主要由其分子中的 π 电子运动状态所决定。

1. 分子跃迁和能级间隔

由两个以上原子所组成的分子,除了电子相对于原子核的运动外,还有原子核间的相对振动,以及整个分子的转动。这些运动状态各有其相应的能量,分别称为电子能量(E_e)、振动能量(E_v)和转动能量(E_r)。它们都是量子化的,运动状态的变化是不连续的。分子的总能量是上述三种能量之和,即:

$$E = E_e + E_v + E_r$$

其中,分子产生转动状态变化的能级间隔很小,大大小于 4 kJ/mol,故其转动光谱常处于远红外和微波范围。而分子振动中常包含分子转动,其能级差虽大些,但也只有 40 kJ/mol 左右,振动光谱处于红外区,故又称为红外光谱。这两种光谱都不会对人眼引起颜色感觉。只有分子中价电子的能级间隔较大,大致为 $(1\sim10)\times10^2$ kJ/mol,相应的吸收光的波长为 200~1 000 nm,处于紫外光和可见光范围,故能产生颜色感觉。

分子的不同能量状态称为分子的能级,能级之间的间隔就是能量差 ΔE。一般情况下,分子总是处在最低能级状态,称为基态 E_0。吸收光能后,进入高能级不稳定状态,称为激发态(E_1 或 E_2)。这种运动状态的变化叫作分子跃迁。跃迁过程中所需的能量(ΔE)称为激发能,也称为能级间隔,如图 3-7 所示。

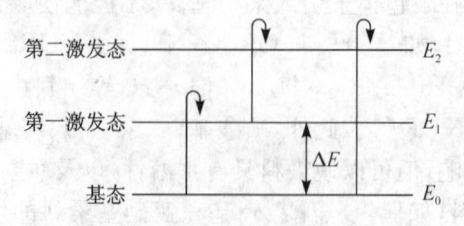

图 3-7　分子能级跃迁状态的变化

在光的作用下,当光子的能量与 ΔE 一致时,则可发生吸收,此时分子被激化,进入高能量状态——激发态。

$$\Delta E = h\upsilon = hC/\lambda$$

染料分子只选择吸收与其能级间隔一致能量的光子,而不是对各种能量的光子普遍吸收。这就是染料分子对光的吸收具有选择性的原因。此外,一个染料分子从基态能级跃迁至激发态能级时,每一次的跃迁过程中只能吸收一个光子。由于各种物质具有不同的分子结构,故其能级间隔也不一样。能级间隔小的分子,吸收光的波长长;能级间隔大的分子,吸收光的波长短。作为染料,它们主要的吸收波长应在 380~780 nm 范围内,染料激化态和基态之间的能级间隔 ΔE 必须与此相适应。这个能级间隔的大小虽然包含分子振动能量和转动能量的变化,但主要由分子中的价电子激化所需能量决定。

2. 染料分子中价电子跃迁类型

能够作为染料的有机化合物,其内部的电子跃迁所需的激发能必须在可见光(380~780 nm)范围内,即只有在可见光的能量范围内产生激发状态的分子,才具有颜色。从量子学观点看,染料分子的颜色与分子中价电子的运动状态有关。不同价电子所处的能级不同,跃迁时所需吸收的能量也就不同,从而产生不同的吸收光谱。一般有机物分子中的价电子包括:形成 σ 键的 σ 电子,形成 π 键的 π 电子,以及具有未共用电子对的 n 电子。三种价电子所处能级及跃迁见图 3-8。

研究认为,染料中的发色体不饱和基团中的 π 电子发生 π→π* 跃迁时,需要的能级间隔正好在可见光提供的能量下发生;其次,孤对电子的跃迁,在一定条件下也对可见光有吸收,但其吸收强度很低,对染料的颜色影响不大。所以染料分子对可见光产生选择性吸收,主要是由价电子 π→π* 跃迁所引起的。

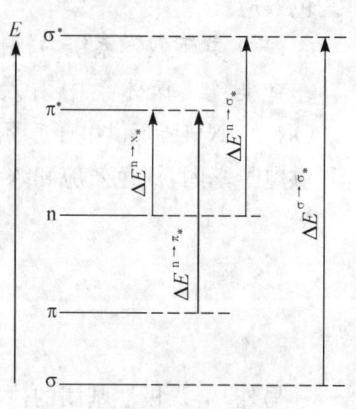

图 3-8 价电子跃迁相对能量

而染料分子中的 σ 电子,若被激发而发生 σ→σ* 跃迁,需要比可见光更高的能量,即需要吸收紫外光及远紫外光,这种跃迁不会产生颜色感觉。至于内层电子,若发生基态到激发态的变化,则需要比 X 射线更高的能量。

一个染料分子中往往有多个原子,因此并非只吸收某一波长的光能,而是吸收可以发生各种电子跃迁的光能。很多吸收光谱的波长非常接近,故而会形成一个比较宽的吸收光谱带,谱带越窄,显示吸收的光波波长范围越小,其色泽越纯、越鲜艳;宽谱带虽然能得到相同的色调,但色泽暗淡。

三、染料分子结构与颜色的一般关系

(一)共轭双键系统对颜色的影响

一般情况下,染料中共轭双键越多,共轭体系越长,染料的 λ_{max} 向长波方向移动,产生深色效应;同时,染料的 ε_{max} 也常常增大,浓色效应提高,如表 3-2 所示。

表 3-2 共轭双键对颜色的影响

共轭体系结构	颜色	λ_{max}(nm)	lg ε_{max}
(蒽)	无色	384	3.8
(并四苯)	橙色	480	4.05
(并五苯)	紫色	580	4.1

(二) 分子共平面性对颜色的影响

染料分子共轭体系的共平面性越好,则 $\pi \rightarrow \pi^*$ 跃迁的能级差 $\Delta E = hC/\lambda$ 越小,最大吸收波长越大,产生深色效应;反之,若共平面性差,π 电子云重叠的程度会降低,影响光的吸收,产生浅色效应。

(三) 共轭双键系统中极性基团对颜色的影响

在染料共轭体系中引入—NO_2、—NO、—CN 等吸电子基团或引入—OH、—NH_2、—OR、—NHR 等供电子基团,产生深色效应和浓色效应;若共轭体系中同时引入吸电子基团和供电子基团,深色效应和浓色效应更明显。例如:

ϕ—N=N—ϕ 无色

ϕ—N=N—ϕ—N(CH$_3$)$_2$ 黄绿色

另外,引入极性基团的位置若能形成分子内氢键,深色效应会更明显。例如:

λ_{max}=465 nm λ_{max}=416 nm

(四) 染料分子结构中金属离子对颜色的影响

若金属离子能与染料的共轭体系直接形成配位络合体结合,通常会使染料颜色加深变暗。例如:

黄色   红色

四、外界因素对染料颜色的影响

外界因素如溶剂、介质 pH 值、温度、光等常能改变染料分子的极性、分子间缔合状态及几何构型等,因而常使染料的吸收光谱有所改变。

(一) 溶剂的影响

一般来说,染料如能溶解在饱和烃和其他非极性溶剂中成为稀溶液,则吸收光谱与染料在蒸汽状态时相同。这说明非极性溶剂对染料的分子没有影响。但当染料溶于极性溶剂时,溶剂对染料分子有所影响,使光谱发生不同变化。

许多染料分子的基态极性小于激发态极性,在这种情况下,极性溶剂对染料激发态能级的降低作用比基态显著,使染料分子从基态到激发态的能级间隔减小,因而产生深色效应。

两性有色化合物在极性溶剂中的颜色比非极性溶剂中浅。这主要是由于极性溶剂有永久偶极,它能与两性化合物的永久偶极发生作用,使其基态更为稳定、能级降低。若激发态的极性较基态小,则该溶剂对激发态的能级影响甚小。因此使能级间隔加大,产生浅色效应。

(二) pH 值的影响

染料在不同 pH 值的作用下发生离子化,生成电荷,使共轭体系内供电子基的供电性或吸电子基的吸电性均获得加强,体系内电子更加活泼,激化能更小,产生深色效应。

带羟基的染料,在碱性介质中成为氧负离子,使供电子性增强而呈深色效应;相反,如果离子化结果使供电子基的供电子能力丧失,则吸收光谱向短波方向移动,产生浅色效应。例如:带供电子基($-NH_2$)的染料,在酸性介质中离子化($-NH^{3+}$)而失去供电性,产生浅色效应。例如:

(三) 染料浓度的影响

当染料浓度很小时,主要以单分子状态存在;但随着浓度的增加,染料分子间由于范德华力和氢键而聚集,形成二聚体或多聚体。一般来讲,对聚集分子必须附加克服范德华力和氢键的能量,使激化能提高,才能产生浅色效应。

(四) 温度的影响

提高温度,能使分子的基态能级提高,减少溶液中分子的聚集,故伴随着稍微的增色作用。有部分染料的颜色,能随温度的变化做可逆变化。这一现象称为感温变色性。例如:

在常温时为暗红色,加热到 50~60 ℃则变为红紫色,若冷却到－80 ℃时又变为棕色。至于颜色随温度变化的原因,则认为是温度变化改变了分子的结构。

五、颜色的混合

(一) 加法混色

色光之间的拼混,是反射光强逐渐增加的过程,故称为加法混色,拼混的最终结果为白色,如图 3-10 所示。加法混色的三原色为红($\lambda=700$ nm)、绿($\lambda=546.1$ nm)、蓝($\lambda=435.8$ nm)。

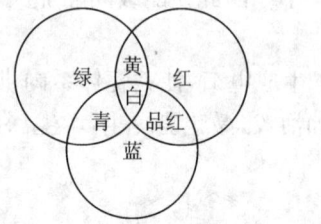

图 3-10　加法混色结果图　　图 3-11　减法混色结果图

(二) 减法混色

有色物质(染料)之间的拼混,是反射光强逐渐减弱的过程,故称为减法混色,拼混的最终结果为黑色,如图 3-11 所示。减法混色的三原色为品红、黄、青(蓝)。三原色拼色后的颜色二次色、三次色的关系如下:

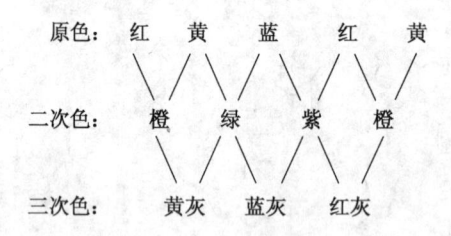

```
原色:   红   黄   蓝   红   黄
         \ /   \ /   \ /   \ /
二次色:  橙    绿    紫    橙
         \ /   \ /   \ /
三次色:   黄灰  蓝灰  红灰
```

任务四　染料结构与一般应用性能的关系

一、染料分子的一般结构特征

(一) 染料分子的结构特征

染料作为一种色素有机物,其结构可以简单地划分为两个部分:一是染料分子的共轭体系部分,它是染料的有机主体,通常称为染料的母体结构;二是连接在母体上的取代基。

这里,用通式 D-X 表示染料的分子结构。其中:

D 表示染料的母体,其性质、大小(芳香环)、空间状态等,直接影响着染料的颜色、上染力、匀染性、耐光色牢度、在纤维中的扩散等染色性能。母体结构大多由多芳香环相互连接形成。

X 表示母体上的取代基,其性质和它们所处的相对位置,影响着染料的水溶性、上染力、染色牢度、染料的颜色等性能。按取代基的性质,可以归结为:以增强颜色为主的供电子基(—OH、—NH$_2$、—OR、—NHR 等);吸电子基(—NO$_2$、—NO、—CN、—Cl、—Br 等);水溶性基团(—SO$_3$Na、—COONa 等);赋予染料与纤维化学反应活性的活性基团(活性染料);以提高染料相对分子质量,进而提高染料上染直接性或耐光色牢度为目的的脂肪链取代基;等等。

另外,有些染料的分子结构中含有金属离子 M,以配位络合物的形式存在。例如,酸性含媒染料、某些直接耐晒染料、酞菁结构染料等。这种结构的染料,一般耐光色牢度和耐洗涤色牢度较好,但色泽鲜艳度下降。

(二)常用染料的主要结构特征

1. 直接染料

结构类型以双偶氮和多偶氮为主;母体较大,染料分子强调线性、芳香环共平面性,含有—OH、—NH$_2$、—SO$_3$Na、—COONa 等取代基。

直接染料的染色方法简单,色谱齐全,成本低廉;但其耐洗和耐晒色牢度较差,如采用适当的后处理方法,能够提高染色成品的色牢度。

2. 酸性染料

结构类型以偶氮、蒽醌、芳甲烷为主;母体比直接染料小,含有酸性染料的—OH 或—NH$_2$(一般在能形成分子内氢键的位置),或醚化—OH、酰化处理的—NH$_2$,含有较高比例的水溶性基团—SO$_3$Na。

酸性染料的色谱齐全,色泽鲜艳,但湿处理色牢度较差。

3. 活性染料

母体类似于强酸性染料,结构较小,含有一个或以上的活性基团,含有水溶性基团—SO$_3$Na、—COONa 等。

在适当条件下,活性染料能够与纤维发生化学反应,形成共价键结合。它可以用于棉、麻、丝、毛、黏纤、锦纶、维纶等多种纺织品的染色,色谱齐全,色泽鲜艳,湿处理色牢度好,价格低,使用方法简单,但利用率较低。

4. 还原染料

结构类型主要有靛族类和稠环酮类;母体较大,无—SO$_3$Na、—COONa 等水溶性基团,含有两个或以上的羰基(=C=O),稠环酮的芳香环共平面。

还原染料的色谱齐全,色泽鲜艳,色牢度好,但价格较高,且不易均匀染色。

5. 可溶性还原染料

还原染料的隐色体制成硫酸酯钠盐后,变成能够直接溶解于水的染料,所以叫可溶性还原染料,可用于多种纤维制品的染色。

这类染料的色谱齐全,色泽鲜艳,染色方便,色牢度好;但它的价格比还原染料高,同时亲和力低于还原染料,所以一般只适用于染浅色织物。

6. 硫化染料

结构难以确定,难以提纯,染料为性质相近的多种物质的混合物;分子结构中含有硫原子,如—S—、—S—S—、—Sx—、—SH 及杂环硫等,无—SO$_3$Na、—COONa 等水溶性基团。

这类染料的色谱较齐全,价格低廉,色牢度较好,但色光不鲜艳。

7. 分散染料

以蒽醌、偶氮结构类型为主;分子简单,相对分子质量小,无—SO$_3$Na、—COONa 等水溶性基团,但含有—OH、—NH$_2$ 等极性基团。

这类染料在水中的溶解度很低,颗粒很细,在染液中呈分散体,属于非离子型染料,主要用于涤纶制品的染色,色谱齐全,染色牢度较高。

8. 阳离子染料

结构类型有偶氮、蒽醌、三芳甲烷、恶嗪、菁类等;母体带阳电荷(多为季铵阳离子),与负离子 Cl^-、$CH_3SO_4^-$ 呈盐式键结合。

这类染料的色泽鲜艳,色谱齐全,染色牢度较高,但不易匀染,主要用于腈纶制品的染色。

二、染料结构与溶解性

(一) 染料的溶解性概念

严格而言,染料的溶解性是指染料能溶于水形成单个分子或离子的均一染料溶液的性能。但事实上,因为染料是一种有机化合物,分子较为复杂,其中的芳香环等疏水部分在整个染料分子中占的比例大,因此,即使本身是可溶性染料,在水中的溶解度也不会很高。一般生产中的染料溶液是一种类似胶体溶液,尤其当浓度较大时,在实际染液中,染料不全部是单个分子或离子状态,而是有一部分是染料的聚集态微粒。常用的染料中,直接、活性、酸性(包括酸性媒染和酸性含媒染料)、阳离子染料均属于这种情况。

另一方面,常用染料中的还原染料、硫化染料、冰染染料的色酚和色基等,因结构中没有水溶性基团,所以它们在水中几乎不溶解。使用时需要经化学处理,将其转变为可溶性状态,再上染纤维。转变后的染料的溶解状态如同上述直接溶于水的染料。

常用染料中还有分散染料,结构中也没有水溶性基团,是一类分子较为简单的非离子型染料,因含有极性基团,在水中会有微量的单个分子,但大部分为固体小晶体颗粒。使用时为防止晶体颗粒增大沉淀,必须加入大量的分散剂,确保染料在水中成为稳定的分散体系。

由此可见,对于染料的溶解性的认识,需要根据染料的实际情况,在严格意义上加以拓展。

染料在水中的溶解或分散,关系到生产中染料的化料问题,而化料质量又直接影响被染物的得色均匀度,故染料应用的需要关注其溶解度和溶解速度等特点。

(二) 染料结构与溶解性的关系

(1) 染料分子结构中如果含有水溶性基团,如—SO$_3$Na、—COONa,且在分子中的比例越大,离子性(如阳离子染料)越强,则染料的水溶性越好,溶解度越大,易于溶解。

(2) 溶解度小或溶解速度慢的染料,通常可采取加热溶解或加入助溶剂如尿素、醋酸等帮助溶解,或者利用分散剂的作用,使其形成良好的均一染液,确保染色均匀。

例如:阳离子染料虽然能溶于水,但其溶解度和溶解速度不理想,化料时可以采用冰醋酸调浆,沸水溶解,搅拌化料;而分散染料化料时,则需要借助分散剂的作用,才能形成稳定的分散体系,即胶体染液。

(3) 分子结构中不含水溶性基团的染料,要根据其化学结构中的反应性基团,选择合适药剂,转变成可溶性状态。

例如：还原染料用保险粉（$Na_2S_2O_4$）和烧碱（NaOH）处理后，转变成染料隐色体而溶解；硫化染料可以用硫化碱（Na_2S）处理，转变成隐色体而溶解；色酚需用烧碱（NaOH）反应，生成色酚钠盐而溶解；色基进行重氮化反应后再使用。

三、染料结构与直接性

（一）染料的直接性概念

染色时，染料分子（或离子）舍弃水溶剂，自动向纤维转移的性能，称为染料的直接性。

染料的直接性的产生内因是染料与纤维之间的作用力比染料与水分子之间的作用力大很多。在染液体系中，染料与纤维之间的作用力有三种：范德华力、氢键力和库仑力。一般情况下，染料分子或离子和纤维之间一定存在范德华力和氢键，当染料离子和纤维上的所带电荷性质相反时，还会产生库仑引力（离子键）；电荷相同时，则产生库仑斥力。染料与纤维之间的作用力越强，直接性越高，染料越易上染，上染率越高。

直接性的大小常用染色达到平衡时的上染百分率衡量：

$$平衡上染百分率 = \frac{平衡时纤维上的染料量}{投入染液中的染料总量} \times 100\%$$

（二）染料结构与直接性的关系

染料的直接性大小主要与染料的自身结构、纤维在水中的带电状态有关。一般而言：

（1）染料分子结构越复杂，相对分子质量越大，染料与纤维间的范德华力越大，染料的直接性就越大。

（2）染料分子中的芳香环共平面性越好，染料越易于靠近纤维，产生分子间作用力的点增多，染料的直接性就越大。

（3）染料分子中的极性基团数目越多，则与纤维之间形成氢键的数目增多，染料的直接性越大。

（4）染料分子中的水溶性基团（—SO_3Na、—COONa）数目越多，则染料在水中溶解的趋势增强，染料的直接性降低。

四、染料结构与匀染性

（一）染料的匀染性概念

染料在被染物各处均匀上染分布的性能，称为染料的匀染性。

染料的匀染性能，客观上影响着染色产品的得色均匀度。匀染性不佳的染料，使用时，工艺全过程控制显得尤为重要。

必须指出，影响染色产品得色均匀度的因素很多。染料的自身结构是客观因素。此外，染色时的温度、pH值、助剂、半成品质量等对匀染性也有很大影响。

（二）染料结构与匀染性的关系

染料的匀染性主要与染料分子大小和含磺酸基的数量有关。随着染料分子的增大，会增强染料分子的聚集，降低染料的扩散速度，使匀染性变差。增加染料分子中的磺酸基数，有助于溶解度提高，减少染料分子的聚集，从而提高匀染性。

例如，强酸性染料的分子结构简单，相对分子质量低，含磺酸基的比例高，溶解度高，故匀

染性好;弱酸性染料的相对分子质量大,含磺酸基的比例小,匀染性通常比强酸性染料差。具体表现在以下几个方面:

(1) 染料分子结构越复杂,相对分子质量越大,匀染性降低。

(2) 染料分子中的芳香环共平面性越好,极性基团的数目越多,染料越易于靠近纤维,与纤维间作用力的点增多,不利于染料在纤维中的扩散速度,使匀染性下降。

(3) 染料分子中的水溶性基团(—SO_3Na、—$COONa$)数目越多,则染料在水中溶解的趋势增强,染料的匀染性提升。

可见,直接性越大的染料,其匀染性越差。染料的匀染性和直接性是染料的一对矛盾问题。通常,在染料的合成制造中,需要综合考虑两个方面,控制合成反应条件,使染料既有较好的上染直接性,又兼顾染料的匀染性。

五、染料结构与染色牢度

染料分子结构与染料在纤维上的耐光(日晒)、耐湿处理(水洗、皂洗)、耐酸碱等性能有着十分密切的关系。在此,重点对染料结构与洗涤(耐湿处理)及耐光性能的关系做阐述。

(一) 染料结构与耐洗涤色牢度的关系

(1) 染料分子结构中含水溶性基团—SO_3Na、—$COONa$,耐洗涤色牢度下降;而且水溶性基团数目越多,在分子中占的比例越高,耐洗涤色牢度越差。而分子结构中无水溶性基团的染料,耐洗涤色牢度都较好。例如,直接染料、酸性染料因含有水溶性基团,所以湿处理色牢度较差;而还原染料、硫化染料、不溶性偶氮染料的耐洗涤色牢度较好。

(2) 染料的母体结构越复杂,相对分子质量越大,染料与纤维之间的结合力增强,染料的耐洗涤色牢度提高。例如在分子结构简单的强酸性染料母体上引入脂肪链,提高染料的相对分子质量,其染色湿牢度提高。

(3) 染料分子结构中含有能与纤维形成氢键的极性基团,且数目越多,如—OH、—NH_2、—OR、—NHR,染料的耐洗涤色牢度会提高。

(4) 染料分子结构中含有的基团,如果能赋予染料与纤维发生共价键结合或配位键结合的能力,染料的耐洗涤色牢度会显著提高。例如活性染料、酸性媒染染料及1:1型酸性含媒染料。

染料的耐洗涤色牢度,除了受染料结构的影响外,纤维结构、染色浓度、染色工艺等也有影响。例如,同一种直接染料对棉纤维染色,淡色的湿处理色牢度优于浓色。

(二) 染料结构与耐光色牢度的关系

染料的母体结构、取代基的性质,以及它们所处的位置,直接影响其耐光色牢度。通常,染料分子中的氨基、羟基等供电子基的存在不利于耐光性能,而卤素(Cl、Br)、硝基、磺酸基、氰基和三氟甲基等吸电子基有助于耐光色牢度的提高。

1. 偶氮类结构染料的耐光色牢度

偶氮染料的耐光色牢度差别较大,没有明显的规律。

通常,在偶氮染料分子中引入氨基、羟基等供电子基后,耐光色牢度有所下降;若氨基经烷基化,耐光色牢度进一步降低;但酰化后耐光色牢度可得到提高。而引入氯、溴、硝基和羰基等吸电子基后,耐光色牢度提高。因此在偶氮染料分子中常引入磺酰基等强吸电子基以提高染料的耐光色牢度。

在染料分子的偶氮基两端邻位上引入羟基、氨基或羧基,与铜等金属离子络合后,化学稳定性提高,可达到较高的耐光色牢度。

另外,染料在纤维内的物理状态对耐光色牢度的影响也很大,聚集状态的染料比单分子分散状态的染料的耐光色牢度高。

2. 非偶氮染料的耐光色牢度

蒽醌结构的染料,因结构稳定,耐光色牢度较好。三芳甲烷类染料具有强度高、色光鲜艳等优点,但用于天然纤维(如羊毛、丝或棉纤维)时,耐光色牢度平均为2~3级。

改进三芳甲烷类染料的耐光性能的途径,除了在分子中引入适当数目的磺酸基外,还可以在三芳甲烷分子结构中心的碳原子的邻位导入某些特定的取代基团,如—Cl、—CH_3及—SO_3H基。这些基团的存在,产生了空间效应,使三个苯环不处于同一个平面,降低了中心碳原子的反应活性,增加了染料分子的光化学稳定性,从而提高染料在纤维上的耐光色牢度。

*任务五
颜料、荧光增白剂、禁用及环保染料的概念

一、颜料

颜料按照化学组成不同,可分为无机颜料和有机颜料两大类;根据来源不同,可分为天然颜料和合成颜料。天然颜料又分为矿物颜料、动物颜料和植物颜料;合成颜料又分为无机颜料和有机颜料。

(一) 常见无机颜料种类及特点

无机颜料是由天然矿物或无机化合物制成的颜料,包括各种金属氧化物、铬酸盐、碳酸盐、硫酸盐和硫化物等,如铝粉(称银粉)、铜粉(称金粉)、炭黑、锌白和钛白等。来自天然矿物资源的,如天然产朱砂、红土、雄黄等;由无机化合物合成的,如钛白、铬黄、铁蓝、镉红、镉黄、炭黑、氧化铁红、氧化铁黄等。

天然矿物颜料一般纯度较低,色泽较暗,但价格低廉。合成无机颜料的色谱齐全,色泽鲜艳、纯正,遮盖力强。

无机颜料一般根据颜色可以分为以下几类:

1. 黑色颜料

主要品种是炭黑颜料。炭黑的主要质量指标是黑度与色相。

2. 红色颜料

主要品种为氧化铁红。氧化铁有各种色泽,从黄色到红色、棕色直至黑色。氧化铁红是最常见的氧化铁系颜料,具有很好的遮盖力和着色力、耐化学性、保色性、分散性,价格较廉。氧化铁红常用于生产地板漆、船舶漆。由于它有显著的防锈性能,也是制作防锈漆和底漆的主要原料。

3. 黄色颜料

主要有铅铬黄(铬酸铅)、锌铬黄(铬酸锌)、镉黄(硫化镉)和铁黄(水合氧化铁)等品种。铅铬黄的遮盖力强,色泽鲜艳,易分散,但在日光照射下易变暗;锌铬黄的遮盖力和着色力均较铅铬黄差,但色浅,耐光性好;镉黄具有良好的耐热、耐光性,色泽鲜艳,但着色力和遮盖力不如铅

铬黄,成本也较高,在应用上受到限制。铅铬黄和镉黄均含重金属,不能用于儿童玩具、文教用品和食品包装的着色。铁黄色泽较暗,但耐久性、分散性、遮盖力、耐热性、耐化学性、耐碱性都很好,而且价格低廉,因此广泛用于建筑材料的着色。

4. 绿色颜料

主要有氧化铬绿(三氧化二铬)和铅铬绿(铬黄和铁蓝的混合物)两种。氧化铬绿的耐光、耐热、耐化学药品性优良,但色泽较暗,着色力、遮盖力均较差。铅铬绿的耐久性、耐热性均不及氧化铬绿,但色泽鲜艳,分散性好,易于加工,因含有毒的重金属,自从酞菁绿等有机颜料问世以后,用量逐渐减少。

5. 蓝色颜料

主要有铁蓝、钴蓝和群青等品种,其中群青的产量较大。群青耐碱不耐酸,色泽鲜艳明亮,耐高温。铁蓝耐酸不耐碱,遮盖力、着色力高于群青,耐久性比群青差。自从酞菁蓝投入市场后,由于它的着色力比铁蓝高2倍,且其他性能好,因而铁蓝用量逐年下降。钴蓝耐高温,耐光性优良,但着色力和遮盖力稍差,价格高,用途受到限制。

(二) 有机颜料结构类型及特点

与无机颜料相比,有机颜料有更多的优点,主要表现为:

(1) 通过改变有机颜料分子结构,可以制备出繁多的品种,而且具有更鲜艳的色彩、更明亮的色调。

(2) 与含有重金属的无机颜料相比,大多数有机颜料品种的毒性较小。

(3) 高档的有机颜料品种(如喹吖啶酮颜料、酞菁颜料等)不仅具有优异的耐晒色牢度、耐气候色牢度、耐热性和耐溶剂性,而且在耐酸/碱性能方面也优于无机颜料。

与染料相比,有机颜料在应用性能上有一定的区别。染料的传统用途是对纺织品进行染色,而颜料的传统用途是对非纺织品(如油墨、油漆、涂料、塑料、橡胶等)进行着色。因为染料对纺织品有亲和力(或称直接性),可以被纤维分子吸附、固着;而颜料对所有的着色对象均无亲和力,主要靠树脂、黏合剂等其他成膜物质与着色对象结合在一起。染料在使用过程中一般先溶于使用介质,即使是分散染料或还原染料,在染色时也经历一个从晶体状态先溶于介质的过程。尽管颜料与染料的概念不同,但在特定的情况下,它们可以通用。例如某些蒽醌类还原染料,它们都是不溶性的染料,但经过颜料化后也可用作颜料。这类染料称为颜料性染料或染料性颜料。

有机颜料的主要结构类型及特点如下:

1. 单偶氮类

单偶氮黄色和橙色颜料的制造工艺较为简单,品种很多,大多具有较好的耐晒色牢度;但是,由于相对分子质量较小等原因,其耐溶剂性能和耐迁移性能不太理想。该类品种主要用于一般品质的气干漆、乳胶漆、印刷油墨及办公用品。其典型品种为汉沙黄10G(C.I.颜料黄3)。

C.I.颜料黄3

2. 双偶氮类

双偶氮颜料的生产工艺相对复杂一些,色谱有黄色、橙色、红色,其耐晒色牢度不太理想,但耐溶剂性能和耐迁移性能较好,主要用于一般品质的印刷油墨和塑料,较少用于涂料。其典型品种为联苯胺黄(C. I. 颜料黄 12)。

C. I. 颜料黄 12

3. β-萘酚系列

从化学结构上看,β-萘酚系列颜料属于单偶氮颜料,但是它以 β-萘酚为偶合组分,且色谱主要为橙色和红色。为了将其与黄色、橙色的单偶氮颜料相区分,故将其归类为 β-萘酚系列颜料。它的耐晒色牢度、耐溶剂性能和耐迁移性能都较理想,但是不耐碱,生产工艺的难易程度同一般的单偶氮颜料,主要用于需要较高耐晒色牢度的油漆和涂料。

4. 色酚 AS 系列

色酚 AS 系列颜料是指颜料分子中以色酚 AS 及其衍生物为偶合组分的颜料。这类颜料的色谱有黄色、橙色、红色、紫酱色、洋红色、棕色和紫色。其耐晒色牢度、耐溶剂性能和耐迁移性能一般,主要用于印刷油墨和油漆。

5. 偶氮色淀类

偶氮色淀类颜料是水溶性的染料分子中含有磺酸基和羧酸基,与沉淀剂作用后生成水不溶性颜料。所用的沉淀剂主要是无机酸、无机盐及载体。此类颜料色谱主要为黄色和红色,耐晒色牢度、耐溶剂性能和耐迁移性能一般,主要用于印刷油墨。

6. 苯并咪唑酮类

苯并咪唑酮类有机颜料是一类高性能有机颜料,色泽非常坚牢,主要应用于高档产品,如轿车原始面漆和修补漆、高层建筑的外墙涂料,以及高档塑料制品等。其典型品种为永固黄 S3G(C. I. 颜料黄 154)。

C. I. 颜料蓝 154

7. 偶氮缩合类

此类颜料的生产工艺较为复杂,色谱主要为黄色和红色,耐晒色牢度、耐溶剂性能和耐迁移性能非常好,主要用于塑料和合成纤维的原液着色。

8. 金属络合类

此类颜料所用的过渡金属主要是镍、钴、铜和铁,色谱大多是黄色、橙色和绿色,主要用于需要较高耐晒色牢度和耐气候色牢度的汽车漆和其他涂料。

9. 酞菁颜料

酞菁颜料的色谱主要是蓝色和绿色,具有很高的各项应用牢度,适合在各种场合使用。其典型品种为酞菁蓝 B(C.I. 颜料蓝 15)。

C.I. 颜料蓝 15

10. 喹吖啶酮颜料

此类颜料具有很高的耐晒色牢度和耐气候色牢度,因色谱主要为红紫色,所以商业中常称为酞菁红。喹吖啶酮颜料的生产工艺相当复杂,主要用于调制高档工业漆,非常适宜用作轿车的原始面漆和修补漆,也适宜用作户外宣传广告漆。

11. 硫靛系颜料

硫靛是靛蓝的硫代衍生物。这类颜料具有很高的耐晒色牢度、耐气候色牢度和耐热稳定性能,其生产工艺并不十分复杂,色谱主要是红色和紫色,常用于汽车漆和高档塑料制品。由于它们对人体的毒性较小,故又可作为食用色素。

12. 蒽醌颜料

蒽醌颜料是指分子中含有蒽醌结构或以蒽醌为原料的一类颜料,最初被用作还原染料。它们的色泽非常坚牢,色谱范围很广,但是生产工艺非常复杂,生产成本很高,因此商品价格很高。

13. 二噁嗪颜料

该颜料几乎耐所有的有机溶剂,所以在许多应用介质中都可使用,且各项色牢度都很好。它的着色力在所有应用介质中都特别高,只要很少的量就可达到令人满意的颜色深度。

14. 三芳甲烷类颜料

作为颜料使用的三芳甲烷实际上是一种阳离子型的化合物,且三个芳香环中至少有两个带有氨基(或取代氨基)。其特点是颜色非常艳丽,着色力非常高,但是各项色牢度不太理想,色谱为蓝色和绿色,主要用于印刷油墨。

15. 1,4-吡咯并吡咯二酮系颜料

这是近年来最有影响的新发色体颜料,是由汽巴公司研制的一类全新结构的高性能有机颜料,生产难度较高。其色谱主要为鲜艳的橙色和红色,具有很高的耐晒色牢度、耐气候色牢度和耐热稳定性能,但不耐碱。常单独使用或与其他颜料拼混使用,以调制汽车漆。

16. 喹酞酮类颜料

喹酞酮类颜料具有非常好的耐晒色牢度、耐气候色牢度、耐热性能、耐溶剂性能和耐迁移

性能,色光主要为黄色,颜色非常鲜艳,主要用于调制汽车漆及塑料制品的着色,典型品种为 C.I.颜料黄 138。

C.I.颜料黄 138

(三) 纺织品印染用涂料简介

1. 印染用涂料

用于纺织品染色和印花的颜料常称为涂料。商品涂料是由颜料、乳化剂、保湿剂、稳定剂和水等组分,经合理的预分散及研磨工艺而制得的稳定浆状体。常用的无机类颜料,如钛白粉、灰黑、铜粉(仿金)、铝粉(仿银)等,主要用来提供特殊色泽,而有机颜料提供一系列彩色。

用于纺织品印染的涂料色浆必须满足以下质量要求:

(1) 具有优良的耐晒、耐气候色牢度。

(2) 具有良好的热稳定性,高温时不色变、不迁移。

(3) 着色力高,色泽鲜艳、亮丽。

(4) 具有化学惰性,耐酸碱,耐溶剂,耐常用氧化剂和还原剂。

(5) 与各种常用化学助剂的配伍性好。

(6) 适用各种生产设备,如台板、圆网、平网、均匀轧车及其他染色设备,耐机械运转性能良好。

(7) 颗粒粒径分布范围为 $0.2\sim0.5~\mu m$,以保证涂料色浆的稳定性和染色制品的摩擦色牢度。

(8) 印染后各项色牢度优。

2. 涂料印花特点

与染料印花工艺相比,涂料印花工序简单,节省能源,无废水排放,色谱齐全,拼色仿样方便,印花轮廓清晰,正品率高,重现性强,日晒色牢度高。随着人们的环境保护和生态意识越来越强,在纺织品加工的全过程中,更加追求工艺简单、投资低、设备少、省能源、无需水洗,同时要求没有或者少量废液排放,以保护环境。涂料印花工艺完全可以满足上述要求。

从印花工艺角度来看,涂料印花分为涂料直接印花、涂料拔染印花和涂料特种印花。其中涂料特种印花工艺包括涂料仿拔染印花、金银粉印花、珠光印花、夜光印花、金属箔片印花、闪烁片印花、发泡印花、弹性胶浆印花、涂料香味印花。

无论何种印花工艺,涂料印花的普遍缺点是手感较染料印花差,摩擦、水洗(皂洗)等色牢度不佳,尤其在深色或特深色印花时,手感与色牢度的矛盾更为突出,因此在中高档纺织品上的应用不是非常普遍。近年来,高新技术的快速发展提供了众多的新材料和新助剂,在高档纺织品的涂料印花生产中摸索出一些较为切实可行的办法,较好地解决了手感与色牢度这对矛盾,并成功地应用于真丝、全棉等纤维制成的非织造布、梭织布及针织布。

涂料印花助剂由涂料色浆(着色剂)、高分子黏合剂(成膜剂)、糊料(印花载体)及少量添加助剂组成。它们的品质优劣及配伍性能决定了印花成品的质量。

3. 涂料染色特点

涂料染色对纤维类别不受限制,可以缩短、简化混纺布料的加工工艺,甚至可以将树脂整理和涂料染色合并进行,而且整个过程不需要水洗,可以达到节能、节水、环保的目的。但是涂料染色的织物手感不如染料染色,而且由于涂料颗粒依靠黏合剂黏合在织物表面,所以耐摩擦色牢度不理想。涂料染色常用于棉、涤/棉混纺等织物的中/浅色产品的染色。

涂料染色时,先将织物浸轧含有颜料、黏合剂、交联剂、防泳移剂、柔软剂等组分的涂料液,然后经过预烘、焙烘,即可获得有色成品。

涂料染色质量的优劣,关键在于黏合剂的选用。涂料染色用黏合剂,与印花用黏合剂的要求相同,如良好的成膜性和稳定性、适宜的黏着力、较高的耐化学药剂稳定性、皮膜无色透明、富有弹性和韧性、不易老化和泛黄等;对色牢度和手感的要求更高,并且不易黏轧辊等。涂料染色时,施加交联剂对提高涂料染色的染色牢度有很大帮助,对耐洗色牢度的帮助更大。交联剂使用量一般为 $2\sim8$ g/L。常用的交联剂有交联剂 EH 等。

二、荧光增白剂

染整加工中,织物经漂白后,为了进一步获得满意的白度,或使某些浅色织物增加鲜艳度,通常采用能发荧光的有机化合物进行加工。这种化合物称为荧光增白剂。荧光增白剂就像纤维染色所用的染料一样,对纤维有选择性和亲和力,可以上染各类纤维。棉、麻、丝、毛、涤、腈、锦等不同纤维制品进行增白时,需要选择适宜的增白剂。荧光增白剂又称为特殊的染料。

(一)荧光增白剂的增白机理

在使用荧光增白剂之前,人们已经知道可以利用群青(矿物质)和各种蓝色直接染料来纠正织物上的黄色,使视觉有较白的感觉。这种增白方法称为上蓝增白。物体上呈现蓝色光较多,而反射光中蓝色光较多可以使人的视觉产生错觉(蓝色光多于黄色光时,织物看起来似乎白一些)而提高白度。实际上,这样只能使织物的反射光总量减少,因而亮度反而下降,造成灰度增加。所以,上蓝并不能增加洁白度,只是为了迎合人的视觉需要。而荧光增白剂对物体的增白,能够使织物的反射光总量增加,从而提高其洁白度。

荧光增白剂是一类含有共轭双键,且具有良好平面性特殊结构的有机化合物。在日光照射下,它能够吸收非可见的紫外线(波长为 $300\sim400$ nm),使分子激发,再回到基态时,紫外线能量消失一部分,进而转化为能量较低的蓝紫光(波长为 $420\sim480$ nm)而发射出来。这样,被作用物上的蓝紫光的反射量得以增加,从而抵消了原物体上因黄光反射量多而造成的黄色感,在视觉上产生洁白耀眼的效果。

需要说明的是,荧光增白剂的增白只是一种光学上的增亮补色作用,并不能代替化学漂白给予织物真正的"白",因此含有色素或地色深暗的织物,若不经漂白而仅用荧光增白剂处理,就不能获得满意的白度。一般的化学漂白剂是强氧化剂或还原剂,纤维经过漂白处理后,会在一定程度上受到损伤;而荧光增白剂的增白作用是一种光学作用,故不会对纤维造成损伤。并且,荧光增白剂在日光下才具有荧光增白色泽;而在白炽灯光下,因没有紫外线,所以看起来也不像日光下那样洁白耀眼。

每种荧光增白剂的日晒色牢度各不相同,因为在紫外线作用下,增白剂的分子被逐渐破坏。因此,用荧光增白剂处理的产品,长期曝晒便容易使白度减退。一般来说,涤纶的增白日晒色牢度较高,锦纶、腈纶为中等,羊毛、丝较低。日晒牢度和荧光效果取决于荧光增白剂的分子结构,以及取代基的性质和位置。例如杂环化合物中的N、O,以及羟基、氨基、烷基、烷氧基的引入,有助于提高荧光效果;而硝基、偶氮基则降低或消除荧光效果,从而提高日晒色牢度。

(二)荧光增白剂的类别

荧光增白剂可以按化学结构和用途进行分类。本文只简要介绍按用途的分类。

荧光增白剂根据其用途分类,用于涤纶增白的称作涤纶增白剂,用于洗涤剂的称作洗涤用增白剂,等等。例如,棉用增白剂VBL、涤纶增白剂DT、腈纶增白剂BC等。值得说明的是,一种增白剂可用于多个方面。例如,VBL荧光增白剂除了大量用于棉纤维的增白以外,还大量用于洗涤剂;而粉状的荧光增白剂DT(商业中常称作荧光增白剂PF)主要用于塑料的增白。有时,商业中按其离解性质将增白剂分为阳离子类、阴离子类和非离子类,或者按其使用方式分为直染型、分散型等。直染型荧光增白剂是一类水溶性的荧光增白剂,它对底物有亲和性,在水中可被织物中的纤维吸附,有直接增白的作用。这类增白剂对纤维具有优良的匀染性,且使用方便,主要用于天然纤维的增白。分散型荧光增白剂是一类不溶于水的荧光增白剂,使用前必须经过研磨等工序,同时借助分散剂的作用制成均匀的分散液,再用轧染热熔法或高温浸染法对纤维进行增白,主要用于合成纤维的增白。

(三)荧光增白剂的一般应用特点

荧光增白剂对织物的处理类似于染料,但是与一般染料的性质不同,主要差异在于:

(1)染料染色对织物的给色量与染料的用量成正比;而荧光增白剂在低用量时,织物的白度与用量成正比,但超过一定极限后,继续增加用量不仅不能提高白度,而且会使织物带黄色,即所谓的泛黄。

(2)染料染色越深,越能遮盖织物上的疵点;而荧光增白剂的增白效果越好,疵点越明显。

(3)荧光增白剂本身及它的水溶液在日光下的荧光效果不明显,只有上染至纤维才呈现强烈的增白作用。

必须指出,荧光增白剂的增白效果除了与其自身的结构有关外,使用时的诸多因素也会影响增白效果。例如,被增白织物的前处理质量,杂质去除越干净,漂白效果越好,增白效果才会好。增白剂用量也不是越多越好,每种荧光增白剂的饱和浓度都有其特定的极限,超过某一固定的极限值,不但增白效果不会提高,反而会出现泛黄现象,使得增白变成"染黄"。泛黄点在使用荧光增白剂时是应特别注意的。不同的荧光增白剂有不同的泛黄点;同一增白剂在不同的织物上,泛黄点也不相同。增白时的温度、pH值、其他助剂等都会对荧光增白剂的使用产生影响。

三、禁用及环保染料

(一)禁用染料

所谓禁用染料是指在生产制造过程中因劳动保护问题而被禁止生产和使用的染料,包括含有致癌芳香胺结构的染料和直接能致癌的染料,而含有致癌芳香胺的禁用染料多以偶氮染料为主。在此必须说明"凡是偶氮染料即是非环保型染料"的说法是错误的,实际上是指含有致癌成分或裂解出致癌性物质的 22 种染料中间体的偶氮染料才是非环保型染料。

1994 年 7 月 15 日德国政府颁布了禁止使用以 22 种致癌芳香胺为中间体生产制造偶氮染料的法令,具体品种可查阅相关资料了解;至 1999 年 12 月 1 日,国际纺织品生态研究和检验协会发布了 *Oeko-Tex Standard 100* 的 2000 年版,把致癌芳香胺的品种调整总计为 23 种。

纺织行业使用的染料大多为偶氮染料,大约有 2 000 多种结构不同的偶氮染料。这 22 种中间体所涉及的偶氮染料品种达 240 种,其中被德国政府禁止使用的有 118 种。被禁用的偶氮染料都是纺织行业中极为常用的染料,包括:直接染料 77 种,酸性染料 25 种,分散染料 6 种,冰染染料 6 种,碱性染料 4 种。欧洲经济联盟、瑞士、美国,以及亚洲的许多国家也相继提出禁止生产和进口使用禁用偶氮染料染色的纺织品、皮革制品和鞋类,并停止上述纺织品、皮革制品和鞋类的市场销售。这一举措对全世界的染料制造业及人们的日常生活造成了巨大的影响。

为此,国外许多公司致力于禁用染料代用品的研究和产业化工作。一方面,大量开发联苯胺类型中间体的代用品(双胺类化合物),以及邻甲苯胺或邻氨基苯甲醚的代用品;另一方面,寻找经济可行的工业化路线,生产出对人体无害的中间体及其性能优良的染料来满足市场要求。我国印染业对替代染料的开发研制工作也处在积极摸索阶段,并取得了一定进展。

(二) 致敏染料

致敏染料是指某些会引起人体或动物的皮肤、黏膜或呼吸道过敏的染料。目前相关法规或标准主要规范了对皮肤的致敏。人体吸入性的过敏主要集中于呼吸道和黏膜。部分活性染料(可分为颗粒状和液状)可造成此类致敏。

目前致敏染料共发现 27 种,其中分散染料 26 种、酸性染料 1 种。在国际知名的生态安全规范 *Oeko-Tex Standard 100* 的 2008 年版中,将其中的 20 种致敏性分散染料列为生态纺织品的监控项目,并增加了 2 种致敏染料(C.I. 分散黄 23 和 C.I. 分散橙 149)。这些染料主要用于聚酯、聚酰胺和醋酯纤维的染色。欧盟于 2002 年 5 月推出的 Eco-Label 标签标准规定:该标准所列出的 17 种染料(比 Oeko-Tex Standard 100 少 3 种:C.I. 分散蓝 1、C.I. 分散棕 1 和 C.I. 分散黄 3),并规定当染色纺织品的耐汗渍色牢度(酸性和碱性)低于 4 级时,不得使用。

(三) 直接致癌染料

直接致癌染料是指染料未经还原等化学变化即能诱发人体癌变的染料,其中最著名的品红染料(C.I. 碱性红 9)早在 100 多年前已被证实与男性膀胱癌的发生有关联。目前市场上已知的致癌染料有 14 种,其中分散染料 3 种、直接染料 3 种、碱性染料 3 种、酸性染料 2 种、溶剂型染料 3 种。然而,生态纺织品监控的仅有 8 种。

(四) *Oeko-Tex Standard 100* 标准简介

20 世纪 80 年代初期,随着人们环保意识的增强,消费者越来越关心产品对环境和人类健康的影响,欧美开始重视环保问题并逐渐考虑产品生命周期的各个阶段。到 80 年代中期,维也纳的奥地利纺织研究中心提供了一套环保标准,用来分析纺织品、成衣及地毯中的有害物质,名称为"OTN-100";同时,德国的赫恩斯坦研究院也开展了类似的研究。之后,欧洲有 14 个纺织鉴定机构共同创立"国际纺织品生态研究和检验协会"(International Association for Research and Testing in the Field of Textile Ecology),制定了一套商业标准,名为 *Oeko-Tex Standard 100*,用来测试纺织及成衣制品。国际纺织品生态研究和检验协会为国际民间组织。

Oeko-Tex Standard 100 是一套系列标准,于 1991 年首次公布以来,已经获得世界许多国

家的认可。例如德国"消费者和环境保护协会"于1993年3月确定放弃具有一定影响力的MST标签,而认可 *Oeko-Tex Standard 100* "标签。美国已开始参考 *Oeko-Tex Standard 100*。

纺织品类别、用途不同,其生态纺织标准所制定的技术要求、有害物的限制值亦不同。*Oeko-Tex Standard 100* 是评价生态纺织品的基础标准、限量值标准及检测有害物实验方法的目录与检测方法。在检测方法中,有的是国际通用方法,有的是为生态纺织品专门制定的。

(五)环保染料的概念

按照生态纺织品的要求,以及禁用118种染料以来,环保染料已成为染料行业和印染行业发展的重点。环保染料是保证纺织品生态性极其重要的条件。环保染料除了要具备必要的染色性能,以及使用工艺的适用性、应用性能和牢度性能外,还需要满足环保质量的要求。

环保型染料应包括以下10方面的内容:

(1) 不含德国政府和欧共体及 *Oeko-Tex Standard 100* 明文规定的在特定条件下会裂解释放出22种致癌芳香胺的偶氮染料,无论这些致癌芳香胺游离于染料中或由染料裂解所产生。

(2) 不是过敏性染料。

(3) 不是致癌性染料。

(4) 不是急性毒性染料。

(5) 可萃取重金属的含量在限量值以下。

(6) 不含环境激素。

(7) 不含会产生环境污染的化学物质。

(8) 不含变异性化合物和持久性有机污染物。

(9) 甲醛含量在规定的限量值以下。

(10) 不含被限制农药的品种,且总量在规定的限量值以下。

从严格意义上讲,能满足上述要求的染料就应该被称为环保型染料。但真正的环保染料除满足上述要求外,还应该在生产过程中对环境友好,不产生"三废";即使产生少量的"三废",也可以通过常规的方法处理而达到国家和地方的环保和生态要求。

【技能训练】

一、测定染料的吸收光谱曲线

(一)目的与要求

掌握分光光度计的使用方法;学会测量有色溶液的吸光度;学会染料的吸收光谱曲线的绘制;确定染料的最大吸收波长 λ_{max},形成最大吸收波长与染料颜色之间的关系的感性认识。

(二)训练器材准备

(1) 可见分光光度计(722N)、擦镜纸、比色皿、蒸馏水。

(2) 可溶性染料:配制常用三原色(红、黄、蓝)活性染料的溶液,0.04 g/L。

(3) 备注:每个小组由4~5人组成,各配备一台可见分光光度计,学生按照波长顺序轮流操作,小组共同记录数据。

(三) 基本原理

不同的物质具有不同波长的光的吸收特性。颜色是物体对照射在其上的可见光的某一波长选择吸收的结果。在不同的吸收波长下,会产生白色、黑色、无色透明、彩色。某一颜色是该物质吸收其补色所呈现的结果。

利用物质对光的吸收特性,染料的稀溶液对单色光的吸收遵循朗伯—比尔定律:

$$A = \log I_0/I = \varepsilon bc$$

式中:ε 为摩尔吸光系数,与入射光波、物质的性质和溶液的温度有关。

当 c、b、染料、温度一定时,利用分光光度计(如 722N 型可见分光光度计),对任一染料的稀溶液进行测试(水溶性染料以蒸馏水作为参比溶液),在不同波长 λ(380~780 nm)下,测得染料溶液的系列吸光度 A,以波长 λ 为横坐标,对应的 A 为纵坐标,绘制 λ—A 的关系曲线,即得到该染料溶液的吸收光谱曲线。

(四) 任务完成步骤

1. 分光光度计的操作

具体步骤如下:

(1) 打开仪器电源,预热 20~30 min。

(2) 准备参比溶液及待测有色溶液,盛装在比色皿中(注意:手拿毛玻璃面),置于仪器样品室。

(3) 选择测定波长,将参比溶液置于光路中,校正仪器(即调 $A=0$,$T=100\%$)。

① 测吸光度时仪器校正:触按模式选择键(即仪器面板上左起第一个键),使仪器处于"A"模式;触按"0A/100%△"键,至显示为"0.000"。此时,若打开样品室,则显示为"OVER"。反复几次。

② 测透光率时仪器校正:触按模式选择键(即仪器面板上左起第一个键),使仪器处于"T"模式,应显示为"100%";否则,触按"0A/100%△"键,至显示为"100%"。此时,若打开样品室,应显示为"000.0";否则,触按"▽ 0%"键,至显示为"000.0"。

(4) 测定样液吸光度 A 或 T:将样液置于光路中(拉杆操作),模式选为"A",则仪器显示为选择波长下的吸光度读数;模式选为"T",则仪器显示为选择波长下的透光率读数。

(5) 注意:当变换不同波长时,需重复步骤(3)的操作,校正仪器,再测样液。

2. 测量操作

分别用 400 nm、450 nm、500 nm、550 nm、600 nm、650 nm、700 nm、750 nm(间隔 50 nm)的波长测定稀溶液的吸光度。最大吸光度所对应的波长为最大吸收波长的近似值。然后在最大吸收波长近似值附近,以间隔等于 5~10 nm 的波长测定稀溶液的吸光度。

(五) 任务结果与分析

(1) 波长与吸光度对应表

λ												
A												

(2) 作图:以 λ 为横坐标,以 A 为纵坐标绘制曲线。

(3) 根据绘制的吸收光谱曲线,完成以下工作:

① 确定 $\lambda_{\max}$,分析是否在该颜色的补色波长范围内,结果正确与否。

② 波峰越高越窄,颜色越鲜艳。分析该波峰颜色是否鲜艳。
③ 自评任务完成情况。

二、测定染料的标准曲线

(一) 目标与要求
熟悉测量染料溶液标准曲线的操作步骤,能根据测定结果正确绘制标准曲线。

(二) 训练器材准备
(1) 可见分光光度计(722N 型)、擦镜纸、容量瓶(250 mL、50 mL)、蒸馏水。
(2) 染料溶液:三原色(红、黄、蓝)活性染料的溶液,0.08 g/L。
(3) 备注:每个小组由 4~5 人组成,各配备一台可见分光光度计,小组成员合作完成任务。

(三) 基本原理
根据朗伯-比尔定律 $A=\log I_0/I=\varepsilon bc$,当一束平行单色光入射染料的稀溶液时,固定液层厚度及常数 ε,则吸光度 A 与染液浓度 c 成正比。因此,选择被测染料的最大吸收波长作为入射光,测定该染料(稀溶液)不同浓度的标准溶液的吸光度。以吸光度为纵坐标,以染料浓度(相对浓度)为横坐标,绘制关系曲线,就得到该染料的标准曲线。

染料的标准曲线可以作为工具,用于染料上染百分率和上染速率曲线的测定等。

(四) 任务完成步骤
分光光度计的操作同前文。
(1) 配制系列浓度(6 个浓度)的标准溶液 $1^{\#} \sim 6^{\#}$:吸取 25 mL、20 mL、15 mL、10 mL、5 mL、2.5 mL 所给的 0.08 g/L 染料溶液,置于 50 mL 容量瓶中,加水定容、摇匀。
(2) 选择所给染料的最大吸收波长(利用吸收光谱曲线测定的结果),用蒸馏水做参比溶液,测定上述 6 个浓度的标准溶液的吸光度,记录数据。

(五) 任务结果与分析
(1) 数据记录列表如下:

试样编号	1#	2#	3#	4#	5#	6#
母液用量(mL)	25	20	15	10	5	2.5
相对浓度(%)	100	80	60	40	20	10
吸光度 A						

(2) 以上述标准染料溶液的相对浓度 100%、80%、60%、40%、20%、10%为横坐标,以相应的吸光度为纵坐标,作出关系曲线,即得到染料标准曲线。
(3) 根据作出的染料标准曲线,观察它是否为通过原点的直线?若有偏离,分析并说明原因,最后自评任务完成情况。

三、测定染料的比移值(亲和力)

(一) 目标与要求
掌握比移值法定性快速检测染料亲和力(直接性)的操作方法;理解测定比移值判断染料直接性的生产意义(了解染料是否能拼混使用,即配伍性问题)。

(二) 训练器材准备

(1) 选择一组染料(直接或活性)三原色,在规定浓度和温度条件下,分别测定其比移值。
(2) 慢速定性滤纸、烧杯(100 mL)、量筒、铅笔、直尺。
(3) 染化药剂:三种染料溶液,2 g/L。

(三) 基本原理

染料对纤维素纤维(滤纸)的亲和力大于水对纤维素纤维(滤纸)的亲和力,当滤纸浸渍染液时,染料的上升高度始终低于水的上升高度,将相同时间内染料上升高度与水上升高度的比值称为比移值 R_f(小于1),它能够反映染料对纤维素纤维的亲和力。不同染料对纤维的亲和力不一样,反映为 R_f 值不同,其值越小,染料的亲和力越大。同类染料,比移值相近才可以配伍,可以拼混染色。

(四) 任务完成步骤

(1) 将滤纸裁成规定尺寸(3 cm×15 cm)的纸条,在距底边 0.5~1 cm 处,用铅笔画一条线,压平。
(2) 取 50 mL 待测染料溶液于 100 mL 烧杯中,将滤纸条吊入染液,使画线与液面持平。
(3) 在室温下浸渍 30 min;
(4) 取出滤纸条,吹干,测量水和染料的上升高度(cm)。

(五) 任务完成结果与分析

(1) 记录测定的染料的上升高度和水的高度(cm),表格自己设计。
(2) 计算比移值 R_f,对应填入表格中。
(3) 根据计算的 R_f,陈述结论,自评任务完成情况。

四、测定染料的力份

(一) 目标与要求

学会光度测量比较法测定染料力份。能熟练使用可见分光光度计,并正确处理数据计算被测染料的力份。

(二) 训练器材准备

(1) 可见分光光度计(722N 型)、擦镜纸、烧杯(250 mL、100 mL)、容量瓶(250 mL、100 mL)、电子天平(精度 1/100)、蒸馏水。
(2) 染料:可溶性染料(活性、酸性、直接、阳离子染料等)三原色(红、黄、蓝)各两组,一组为标准染料,一组为待测染料。
(3) 备注:每个小组由 4~5 人组成,各配备一台可见分光光度计,小组成员合作完成任务。

(三) 基本原理

染料力份的测定方法有两种。一种是光度测量比较法,即利用可见分光光度计,测定标准染料和待测染料溶液的吸光度值,通过比较计算而得到力份百分数。这种方法在染料生产厂常用。力份的计算公式如下:

$$待测染料的力份 = \frac{A_1}{A_0} \times 100\% \tag{3-3}$$

式中：A_0——标准染料的吸光度；

A_1——待测染料的吸光度。

另一种是单色样比较法。这种方法是在染色工艺完全相同的条件下，用标样染料(参照染料)和待测染料对同种纤维制品进行染色(染色浓度常由小到大分成几档)，通过比较染色制品的得色浓淡，作出力份判断。这种方法多用于印染厂。

本训练采用第一种方法，即光度测量比较法。

(四) 任务完成步骤

(1) 配制浓度不大于 0.01g/L 的染料稀溶液(符合朗伯-比尔定律的要求)。首先，准确称取 0.25 g 标准染料和待测染料各一份，溶解后，转移并定容至 250 mL，所得染料溶液的浓度为 1 g/L；然后，分别吸取 1 mL，稀释定容至 100 mL，得到需要的染料稀溶液。

(2) 选择染料的最大吸收波长 λ_{max}，以溶剂作参比(如蒸馏水)，测定标准染料和被测染料的吸光度，分别记为 A_0、A_1。

(3) 按照式 3-3 计算被测染料的力份。

(4) 自行设计表格，记录相关数据(测定染料的最大吸收波长 λ_{max}，标准染料的吸光度 A_0，被测染料的吸光度 A_1，染料力份)。

(五) 结果报告与评价

(1) 撰写项目训练报告和汇报 PPT。

(2) 小组汇报，组间互评、组内互评和教师点评。

(六) 注意事项

如果待测染料与标准染料的颜色在色光、鲜艳度甚至色相上不一致，则两者不能比较(无可比性)。这可以通过比较染料的吸收光谱曲线得知。水溶性的染料以蒸馏水溶解，非水溶性的染料应选择其他有机溶剂溶解。

*五、测定染料的匀染性能

(一) 目标与要求

掌握水溶性染料匀染性能的测试方法。

(二) 训练器材准备

(1) 恒温水浴锅、染杯(300 mL)、玻璃棒。

(2) 染料(直接染料、阳离子染料)、相应的染色助剂。

(3) 精练后的棉或腈纶纤维制品(与所用染料对应)。

(三) 基本原理

染料的匀染性能可以通过测定不同染色时段染料的上染率、初染率、移染性及上染速率曲线等进行综合评定。

(四) 工艺基本方案

染料：1%(owf)。

助剂：根据工艺要求添加。

温度：视各类染料的最佳染色温度而定。

浴比：棉 1∶30；毛 1∶50。

(五)任务完成步骤

准确称取 5 g 织物(或纱线),均匀分成 5 份。按上述条件配制染液,待染液升至规定温度后,投入第一份织物(或纱线)染色,并开始计时;以后在 2 min、4 min、8 min、16 min 时分别投入其他 4 份织物(或纱线)进行染色;在织物(或纱线)全部投入后续染 60 min,染毕取出水洗、干燥。

(六)任务结果与分析

1. 结果评定

(1) 当第五份织物(或纱线)与第一份织物(或纱线)的色泽相似时,评为 5 级(匀染性最好);

(2) 当第四份织物(或纱线)与第一份织物(或纱线)的色泽相似时,评为 4 级。

(3) 当第三份织物(或纱线)与第一份织物(或纱线)的色泽相似时,评为 3 级。

(4) 当第二份织物(或纱线)与第一份织物(或纱线)的色泽相似时,评为 2 级。

(5) 当第二份织物(或纱线)与第一份织物(或纱线)的色泽不相似时,评为 1 级(匀染性最差)。

2. 分析评价

(1) 待测染料的匀染性为几级?

(2) 若投入的第一份织物(或纱线)与最后一份织物(或纱线)的颜色差异越大,说明该染料的匀染性能越好还是越差?

3. 备注说明

(1) 染料用量可根据染料上染百分率的高低加以调整,按织物质量计,一般为 0.1%(owf)~1%(owf)。

(2) 每份织物(或纱线)的入染时间间隔应根据染料上染速率进行选择。若染料的上染速率较慢,可选择 4 min、8 min、16 min、32 min 分别入染。

*六、测定染料的扩散性能

(一)目标与要求

掌握分散、还原染料的扩散性能的测试方法。

(二)训练器材准备

(1) 分析天平(感量不大于 0.001 g)、搅拌器、烧杯(200 mL)、吸管(0.2 mL 或 1 mL)、表面皿(直径 10 cm)。

(2) 分散染料、还原染料。

(3) 滤纸、染料扩散性能测试标准样卡。

(三)基本原理

按要求制备分散、还原等不溶性染料的悬浮液,制作滤纸渗圈试样,然后与染料扩散性能测试标准样卡的滤纸渗圈标样对比评级。

(四)任务完成步骤

1. 染料悬浮液的制备

准确称取染料试样 0.5 g(精确至 0.001 g)置于烧杯中,加入少量 30 ℃蒸馏水,将染料调成浆状;再加入 30 ℃蒸馏水,使总体积达 100 mL,在搅拌器上搅拌 5 min,保持温度 30 ℃±

图 3-12　染料扩散性能测试标准样卡

2 ℃备用。若为浆状染料,则按照含固量折算干燥染料 0.5 g,称取浆状染料的质量。如浆状染料的含固率为 50%,则称取 1.0 g 浆状染料配悬浮液。

2. 操作步骤

首先,将滤纸放置在表面皿上;然后,在搅拌情况下用吸管从上述备好的染液中部吸取 0.2 mL,吸管应保持垂直,其尖端距离滤纸约 1 cm 处,将染料滴在上述备好的滤纸上。待第一滴染液即将渗完时再滴入第二滴,不可一次连续滴入。各滴染液应滴在同一位置,使其自然扩散,晾干。

(五) 任务结果与分析

(1) 晾干后的任务结果与染料扩散性能测试标准样卡中的滤纸渗圈标样对比评级。5 级最好,1 级最差。

(2) 自评任务完成情况。

*七、测定染料的配伍性能

染料的配伍性是采用两种或两种以上的染料,在同一染浴中先后对数块织物染色,根据染后织物的颜色深浅和色光变化来测定的。具体方法如下:

(1) 准确称取一定质量的织物,均匀分成 5 份。

(2) 将配制好的染液(染液按常规配制)加热至规定温度,投入第一份织物,染 3 min 后取出;再投入第二份织物,染 3 min 后取出。重复操作,连续染 5 份。

(3) 染毕进行相应的后处理,晾干并编号。然后对比 5 份试样的得色情况,若 5 份试样的色相相同,仅有浓淡的变化,则说明拼色用染料的配伍性能好,可以拼色;若 5 份试样的颜色既有浓淡的变化,又有色相的变化,说明拼色用染料不配伍,不能拼色。

(4) 配伍性试验时,根据染料的上染速率快慢,可选择不同的染色时间。若染料的上染速率慢,每份试样的染色时间可适当延长。

*八、测定染料的移染性能

根据染色空白液中色布对白布的沾色量计算出移染指数,从而判定染料的移染性能。具体方法如下:

(1) 用待测染料,按规定的染色工艺,对织物试样进行染色(不进行固色处理),得到该染料的色织物,裁剪成 4 cm×2 cm。

(2) 取一块相同规格的半制品白织物,裁剪成 4 cm×2 cm。

(3) 把裁剪好的白织物与色织物缝合,缝合后的组合体润湿后放在染色空白液(除染料和促染剂以外的染液)中,在规定条件下进行处理(浴比 1∶50,时间 30 min,温度根据染料的染色性能确定)。

(4) 取出组合体,洗涤、晾干,拆开组合体。

(5) 用合适的萃取液对两块织物进行萃取剥色,测定萃取液的吸光度值,计算两块织物上的染料量。

(6) 计算移染指数:

移染指数＝(移染至白织物上的染料量／色织物上残留的染料量)×100%

【过关自测】

1. 解释下列术语:
染料、颜料、染色牢度、染料力份、互补色(光)、深(浅)色效应、浓(淡)色效应、发色团、助色团、染料直接性、荧光增白剂、禁用染料、过敏性染料。
2. 染料和颜料间有哪些异同点?
3. 按应用分类,染料可分成哪几类? 它们分别适用于哪些纤维的染色? 其水溶性如何? (列表归纳)
4. 染料的命名原则是什么? 举例说明。
5. 商品染料加工过程中,为什么要添加助剂?
6. 什么是《染料索引》? 它包含哪些内容?
7. 染色牢度有哪几种?
8. 根据染料的吸收光谱曲线的形状,可得到哪些信息?
9. 染料为什么有颜色?
10. 颜色的三个基本特征是什么? 各自的含义是什么?
11. 简述染料的结构对颜色的影响。
12. 外界因素对染料的颜色有何影响?
13. 染料的结构如何影响染料在水中的溶解性?
14. 如何理解染料的结构与直接性之间的关系?
15. 如何理解染料的结构与耐洗涤色牢度、耐光色牢度之间的关系?
16. 简述颜料的分类。
17. 纺织品染色和印花用涂料含哪些组分?
18. 涂料染色和印花有何特点?
19. 解释荧光增白剂的增白原理。什么是荧光增白剂的泛黄点?
20. 什么是 Oeko-Tex Standard 100?

【主题拓展】天然染料来源及其应用

查阅资料,归纳形成一篇以"天然染料来源及其应用"为主题的报告。

主要参考文献:

[1] 陆艳华,张峰. 染料化学. 北京:中国纺织出版社,2005.
[2] 蔡苏英. 染整技术实验. 北京:中国纺织出版社,2005.
[3] 何瑾馨. 染料化学. 北京:中国纺织出版社,2004.
[4] 陈荣圻,王建平. 禁用染料及其代用. 北京:中国纺织出版社,1996.
[6] 于松华. 染料生产技术概论. 北京:中国纺织出版社,2008.

项目四 染色基础

> **学习目标要求**
>
> （一）应知目标要求：重点掌握染色的基本概念、基本原理；理解染料上染过程中的一般影响因素，以及染色动力学和热力学的基本概念；熟悉染色常用方法及特点；了解不同纺织品种的染色设备。
>
> （二）应会目标要求：会正确分析染料、纤维在水中的存在状态；会初步分析染料上染基本过程（原理）；会用残液法测定和计算染料上染百分率，测定上染速率曲线；会进行染色处方的相关计算。

【情景与任务】

某企业新购入一批直接染料。在用于染色生产前，需要确定这批染料的染色性能及最佳染色工艺。该企业的化验室人员很紧张，请某学院帮忙进行检测，要求检测染料在不同染色条件下的上染百分率，以提供给企业参考使用。

某学院染整教研室按照任务要求，将任务下达给梁老师，由其授课班级的学生按小组分配检测方案，发放待检染料，下达任务书，给出参考材料，要求一周内完成染料分析，给出检测结果报告。

检测小组成员，通过学习教材、查阅资料，熟悉染色质量评价方法，确定染料染色工艺，在染整实训室及检测实训室展开分析检测工作，一周内顺利完成任务，提交报告，并在杨教授主持下各小组进行了工作交流。

任务一 染色基本概念

一、染色与上染

染色是指染料与纤维间通过物理的、化学的或物理化学的作用，或者染料在织物上形成色淀，从而使纺织品获得指定色泽，且色泽均匀而坚牢的加工过程。它包括吸附、扩散及固着三个阶段。

一般情况下，上染指染料的吸附与扩散阶段，即染浴中的染料向纤维转移，并进入纤维内部，将纤维染透的过程。但染色的三个阶段并不是完全独立的，多数情况下是同时进行的，如直接染料染棉、分散染料染涤纶等。所以，两个概念有时混用。只是部分染料染色时，固着需要特殊方法处理，如还原染料隐色体染棉后的氧化处理、酸性媒染染料上染羊毛后的媒染剂处理、活性染料上染棉后的加碱固着处理等。

染色是一个复杂的过程,它与染料、纤维的结构和性能有关。同一类型的染料对不同类别的纤维制品染色,染料与纤维之间可以发生不同形式的结合,获得不同的染色效果;同样,不同类别的染料对相同的纤维制品染色,染色方法、染色原理及染色效果都可能不同。

二、染色过程及影响因素

染色过程是指染料上染纤维并与纤维结合的过程。绝大多数染色是将染料制成水溶液或分散液,通过吸附、扩散和固着三个阶段来完成。

(一)吸附

当纤维制品投入染液后,染液中的染料会向纤维表面靠近,并由溶液转移到纤维表面。染料舍染液而向纤维表面转移的过程称为吸附。

吸附过程是一个自发过程。染料吸附的动力来自于染料对纤维的直接性、染液与纤维表面的染料浓度梯度作用,以及染液温度、促染剂等因素的作用,其中直接性起决定性作用。染料的直接性是指染料舍染液而自动上染纤维的性质,来源于染料与纤维间的作用力,如氢键、范德华力、离子键等作用。直接性一般用平衡上染百分率(达到染色平衡时,纤维上的染料量对原染浴中的染料量的百分率)或染色平衡时纤维上的染料浓度$[D]_f$与染液中的染料浓度$[D]_s$的比值来衡量。

染料发生吸附的同时,部分已上染纤维的染料会重新回到染浴中,这个过程称为解吸。解吸的染料会重新吸附到纤维的其他部位,这个过程称为染料的移染。所以染料的吸附过程是一个可逆过程。在染色初期,染料的吸附速率远大于解吸速率,染料上染率较高;随着染色时间的延长,纤维上的染料浓度逐渐升高,染液中的染料浓度相应降低,染料吸附速率逐渐降低,染料上染量也随之减少;到一定时间,吸附速率等于解吸速率,这时即达到了染色平衡。

吸附速率的快慢除与染料的直接性大小有关外,还与染色温度、染液pH值及添加的助剂等有关。

染料吸附速率的快慢,特别是染色初期的吸附速率,是影响染色匀染度的关键因素。

(二)扩散

全面地讲,染料由染液浓度高的地方向浓度低的地方运动,及染料由纤维表面向纤维内部(即纤维的无定形区)运动的过程,称为扩散。在染色过程中,一般意义上的扩散是指染料由纤维表面向纤维内部运动的过程。当染料吸附在纤维表面后,纤维内外形成浓度差,促使染料由纤维表面向纤维内部扩散。此时,纤维表面的染料浓度降低,破坏了最初建立的吸附平衡,染液中的染料又开始不断地吸附到纤维表面,直至吸附与解吸再次达到新的平衡。

染料的吸附与扩散是同时进行的。在染色初期,染料的吸附速率远高于扩散速率,随着染色时间的延长,吸附速率逐渐降低。因为纤维内部空间狭小,扩散的阻力较大,染料在纤维内部的扩散比染料在染浴中扩散困难得多,所以,整个扩散过程比较慢。这一阶段决定了染料上染纤维的快慢,即上染速率,同时也决定了染色的匀透性(或透染性)。

影响染料扩散速率的因素有很多。一般情况下,染料的分子结构简单,扩散速率快;染料的直接性小,扩散速率快;纤维无定形区多、结构疏松,染料扩散速率快;染色温度高,纤维膨化充分,染料扩散速率快。

染色时间长,染料扩散充分,有利于透染性。

此外,染料的浓度、染色时的搅拌、助剂等,对扩散速率均有不同程度的影响。

(三) 固着

固着是指扩散到纤维内部的染料与纤维结合的过程。染料与纤维的固着形式取决于染料与纤维的带电性质、染料的分子结构、纤维的化学结构与物理结构及染色条件等。固着形式影响染料与纤维的结合力的强弱,影响染色牢度。一般,染料与纤维的固着形式有以下几种:

1. 物理化学作用

即染料与纤维之间以范德华力、氢键结合,如直接染料染纤维素纤维。这类固着的皂洗色牢度较低。

范德华力是一种分子间作用力,广泛存在于各种染料与纤维之间,可分为定向力、诱导力和色散力。范德华力比较弱,主要取决于染料与纤维的分子结构和形态、接触面积及分子间距离等。染料相对分子质量大,极性大,共轭系统长,分子的线型及同平面性好,且与纤维分子结构有良好的适应性,则范德华力作用增强;温度升高,染料与纤维分子间距离增大,则范德华力作用降低。

氢键是一种定向较强的分子间引力,由两个电负性较强的原子通过氢原子而结合。纤维和染料,一方提供供氢基团,另一方提供受氢基团。在染料分子和纤维大分子中,都不同程度地存在供氢基团和受氢基团,因此,氢键作用也广泛存在于各类染料与纤维之间,作用力大小与氢原子两边所连接的原子的电负性大小有关。

范德华力和氢键引起的吸附属于物理化学作用,吸附位置很多,是非定位吸附。

2. 化学作用

即染料与纤维之间以离子键、共价键、配价键等形式结合。

离子键也称盐式键,产生于纤维与染色用染料之间呈相反电荷时,如酸性染料染蛋白质纤维、阳离子染料染腈纶纤维。离子键的强弱与染料和纤维两者的电荷多少有关。

共价键发生在含有活性基团的染料和具有可反应基团的纤维之间,如活性染料染纤维素纤维及蛋白质纤维时,染料与纤维之间发生反应,而生成共价键。共价键具有较高的键能,生成的染料—纤维键也比较稳定,所以耐洗、耐摩擦色牢度比物理化学结合作用高。

配价键发生在媒染染料及金属络合染料的染色中,如1∶1型金属络合染料染羊毛。配价键的键能较高,作用距离较短,所以染色织物的色牢度较高。

化学结合在纤维中有固定的吸附位置,属于定位吸附。

3. 机械固着

即染料以不溶性的色淀沉积在织物、纱线空隙之间或借助于黏合剂将染料黏着于纤维制品上。属于这类固着的主要有还原染料、硫化染料、不溶性偶氮染料和涂料等。这类固着形式的染色织物,通常皂洗色牢度较高,而湿摩擦色牢度较差。

应该指出的是,在实际染色过程中,上述不同性质的结合形式常常并存;只是纤维—染料体系不同,它们的重要程度不同。例如,活性染料染棉的固着形式以共价键为主,范德华力和氢键也同时存在;阳离子染料染腈纶,则以离子键为主,氢键和范德华力为辅。

三、染色质量评价术语

(一) 染色牢度(详见本书项目三中的任务二)

染色牢度是指染色制品在使用或后加工过程中,由于各种外界因素的影响(如洗涤、光照、摩擦、高温处理等),能保持原来色泽的能力(即不褪色和变色的能力)。染色牢度既是染料的重要质量指标,也是染色产品内在质量的重要评价指标。

(二) 匀染度

染色匀染度是指染色制品各部位得色均匀一致的程度。

染色匀染度,广义而言,是指染色制品内外、表面各处得色均匀一致的程度;狭义而言,主要指染色制品表面各部位得色均匀一致的程度。它是染色产品外观质量的重要指标。

染色制品得色是否均匀一致,主要与染料本身的匀染性、被染物半制品质量和染色工艺制订的合理性,以及生产设备和操作是否规范有关。一般来讲,染料的分子结构简单,相对分子质量小,水溶性基团比例大,则染料的匀染性好;被染织物中纤维的超分子结构表现为结晶完整、非结晶区分布均匀,且织物经前处理后(如退浆、精练、涤纶碱减量等)均匀一致、水洗干净,则有利于匀染;工艺制订的合理性是指按照染料自身的匀染性,合理制订并控制工艺,如始染温度低、升温速度慢、选用匀染剂等,有利于达到匀染;不同生产设备有各自的染色特点,对染色匀染性的影响因素也不尽相同,生产中首要确保设备正常,并且要根据不同设备进行相应的操作与管理。

(三) 上染百分率

上染百分率指染色至某一时间时,上染到纤维上的染料量占投入染浴中的染料总量的百分比。

上染百分率的数学表达式为:

$$E_t = \frac{D_{ft}}{D_T} \times 100\% = \frac{D_T - D_{st}}{D_T} \times 100\% = \left(1 - \frac{D_{st}}{D_T}\right) \times 100\%$$

式中: E_t——染色至某一时间时染料的上染百分率;

D_{ft}——染色至某一时间时纤维上的染料量;

D_{st}——染色至某一时间时残留在染液中的染料量;

D_T——染色时投入染液中的染料总量。

染料的上染百分率与染料上对纤维的亲和力和染色工艺有关。一般,亲和力大的染料,上染百分率高。

对企业生产而言,染料的上染百分率越高,说明染料的利用率高,既可降低生产成本,又减轻了染色废水的处理负担。

提高染料的上染百分率,是各种染料的染色工艺改进的重要目标之一。

任务二　染色基本原理解读

一、染料在水中的状态

染色通常以水作为介质,染料在水中的溶解情况直接关系到染色加工的质量。

(一) 染料的电离和溶解

染料分子中一般含有羟基、氨基、硝基等极性基团,有的还含有磺酸基、羧基、硫酸酯基等可电离的基团。当染料放入水中后,由于水分子的极性作用,染料的亲水部分与水分子形成氢键结合,形成染料的水合离子或水合分子,进而使染料溶解。

若染料在水中电离后色素离子带阴电荷,则称为阴离子型染料,如直接染料、活性染料、酸性染料等;若染料在水中电离后色素离子带阳离子,则称为阳离子型染料,如阳离子染料等;染料在水中不电离的称为非离子型染料,如分散染料。

染料的溶解性能主要与染料的结构有关,如电离基团的电离度、极性基团的极性强弱等。一般而言,含磺酸基、硫酸酯基、羧基等水溶性基团的染料的溶解性优于含羟基等亲水性基团的染料,含磺酸基、硫酸酯基的染料的溶解性比含羧基的染料好。

其次,染料的溶解性能与溶液的 pH 值有关。如含羧基的染料分子,在碱性条件下,电离度较大;在酸性条件下,电离度较小;当 pH 值小于 2 时,电离受到抑制。含羟基的染料分子,在碱性条件下,特别是当溶液的 pH 值大于 10 时,电离度增加,染料溶解度提高。具有季铵盐或铵盐结构的染料,在弱酸性条件下具有良好的溶解性能。氨基和取代氨基也是染料中广泛存在的基团,氨基在酸性条件下能生成铵盐而电离溶解。

染料的溶解性能还与外界因素有关(包括加入助溶剂、温度等)。在染液中加入助溶剂,可以提高染料的溶解度。常用的助溶剂有尿素及表面活性剂。它们能与染料分子形成氢键等,使染料分子之间的作用力减弱而溶解。但必须注意,含有与染料相反电荷的离子型表面活性剂,会使染料产生沉淀。在染液中加入中性电解质(如食盐、元明粉),常常使染料的溶解度降低,用量过高时还会造成染料沉淀。这种现象称为盐析。染料的溶解度一般随染浴温度的升高而增加。但必须注意的是,某些染料在温度较高时容易被破坏;并且,温度升高对表面活性剂的助溶作用有一定的影响。

染料的溶解度可用 g(染料质量)/L(水的体积)表示,即在一定温度条件下,1 L 水中所能溶解的染料的质量克数。

(二) 染料的分散

非离子型染料(如还原染料、分散染料)在水中的溶解度很小,习惯上称为不溶性染料。它们的实际使用浓度远大于溶解度,在水中主要借助表面活性剂的作用,将染料颗粒包裹于表面活性剂胶束中,稳定地分散在溶液中,形成悬浮液。

影响分散液稳定性的主要因素有染料颗粒的粒径和染料溶液的温度等。染料颗粒越小,分散液稳定性越好,所以染色时一般要求染料颗粒直径 $2~\mu m$ 以下。过大的颗粒直径,容易使染料发生沉淀。温度升高一般使染料悬浮液的稳定性下降。因为温度升高,染料颗粒的热运动加剧,使染料颗粒之间的碰撞机会增多,染料颗料表面吸附的表面活性剂也容易脱离,使染料分子容易相互结合而生成较大的颗粒,甚至沉淀。所以配制还原染料悬浮液或分散染料染液时,温度不宜过高,否则会引起不良染色后果。此外,溶液中有保护胶体能使分散液稳定,而中性电解质会使分散液的稳定性下降。

(三) 染料的聚集

染料的电离和溶解是一个可逆过程。一方面,染料受到水和其他物质的作用,发生电离和溶解,使染料成为单分子状态分布在染液中;另一方面,染料溶液中的离子或分子之间,由于受到氢键和范德华力的作用,会发生不同程度的聚集,使染料具有胶体的性质。

离子型染料随染液条件不同,可以有三种不同的形态:

(1) 染料完全离解成正或负离子,即以单个离子状态存在,可表示为 D^- 或 D^+。

(2) 染料离子聚集成离子胶束,可表示为 $(nD)^{n-}$ 或 $(nD)^{n+}$。

(3)染料分子聚集成胶核,再吸附一部分染料离子而形成胶粒,胶粒外面再吸附电荷相反的离子而形成胶团,可表示为$[m(DA)\cdot nD]^{n-}$或$[m(DX)\cdot nD]^{n-}$。

事实上,在一定条件下,上述三种形态在染料溶液中同时存在,并保持一定的动平衡关系,随条件变化而相互转化。以阴离子型染料为例,它们呈下列关系:

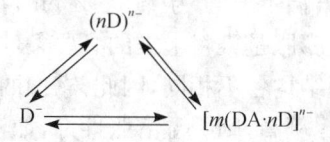

$$D^- \rightleftharpoons (nD)^{n-} \rightleftharpoons [m(DA\cdot nD)]^{n-}$$

非离子型染料的溶解度很低,主要借助分散剂的作用,以微小的颗粒分散而存在。也有三种不同形态的存在形式,且这三种状态在染液中可以相互转化,保持一定的动平衡关系:

$$染料晶体 \rightleftharpoons 胶团中的染料 \rightleftharpoons 溶解状态的染料$$

染色时,完全离解的染料离子或溶解状态的染料分子首先被纤维吸附,并向纤维的无定形区扩散,同时较大的离子胶束或胶团发生解聚,使整个系统仍保持动态平衡。如此不断进行,直至染色结束。可见,染料在溶液中的聚集将影响染料的吸附与扩散,即影响染色速率、上染百分率及匀染性。只有离子和分子状态的染料才能顺利地扩散,进入纤维内部。染料在染液中的溶解或分散状态是影响上染的关键。

染料的聚集倾向与染料的分子结构有关。若染料的分子结构复杂,相对分子质量大,具有同平面的共轭体系,分子中含有的可形成氢键的基团多,且结构上没有空间障碍,则染料的聚集倾向较大,聚集度较高。若染料分子中含有较多的磺酸基,水溶性较好,则染料的聚集倾向较小,如相对分子质量较小的活性染料。

染料的聚集倾向还与外界因素有关,如温度、助剂等。染料在溶液中发生聚集是放热过程,温度升高,有利于染料解聚而溶解。中性电解质(如食盐、元明粉)的加入,会降低染料离子之间的静电斥力,促进染料聚集。当电解质过量时,还会使染料溶液的胶体状态遭到破坏,使染料沉淀析出。所以染色时,食盐、元明粉之类的促染剂用量应适当,尤其是对电解质敏感的染料,更应注意。染料的聚集度还与使用浓度有关,一般浓度大,聚集度高。尿素在浓度不是很高时,可以减少染料的聚集,起助溶作用。

二、纤维在染液中的状态

(一)纤维的吸湿和膨胀

根据纤维大分子排列的规整性,可将纤维分为两个区域,即结晶区和无定形区。结晶区的大分子排列紧密,孔隙小而少;无定形区的分子较疏松,孔隙较多。纤维分子中含有极性基团,当纤维与水或水蒸汽接触时,水分子沿着纤维的微隙进入无定形区。研究证明,染色主要发生在纤维的无定形区或结晶区边缘(对于吸湿性较强的羊毛和黏胶纤维而言)。水分子进入纤维无定形区后,削弱了纤维大分子间的作用力,使分子间距离加大,微隙增大,纤维膨胀,此时染料分子能较容易地进入这些孔隙,并向纤维内部扩散。以下为干燥状态和水溶胀后黏胶纤维、羊毛的孔隙直径的变化情况：

纤维	膨胀前	膨胀后
黏胶纤维	0.5 nm 左右	2~10 nm
羊毛	0.6 nm 左右	4 nm 左右

一般而言，偶氮染料在一个方向的长度为 1.5~3 nm，在另一个方向为 1~1.5 nm。可见，对于亲水性纤维，纤维的吸湿膨胀是染料上染的必要条件。

各种纤维的化学结构和物理结构各不相同，因此，它们的吸湿膨胀性能有很大的差异。若亲水性基团较多且强，无定形区比例高，则吸湿溶胀性好，如棉、黏胶纤维、羊毛、蚕丝等亲水性纤维。纤维吸湿后，直径方向的溶胀一般比长度方向的溶胀大。

纤维的吸湿膨胀除了与纤维本身的性质有关外，外界条件也有很大的影响。如在碱性溶液中，纤维素纤维的膨胀增加；表面活性剂可降低纤维表面张力，使纤维吸湿膨胀；温度升高，分子运动加剧，纤维膨胀增加。

（二）纤维与染液的界面性质

1. 纤维在水中的带电现象

当纤维与水溶液接触时，纤维表面会带有一定的电荷。一般在中性水溶液中，所有纤维均带负电荷，原因是纤维大分子中某些基团（如羧基、磺酸基）发生电离，或纤维选择吸附溶液中的氢氧根离子及定向吸附水分子。

羊毛、蚕丝、锦纶等两性纤维，既含有酸性基团（羧基），又含有碱性基团（氨基），因此，溶液的 pH 值对纤维表面所带的电荷有直接的影响。当溶液 pH 值高于等电点时，纤维上的羧基电离，纤维带负电荷；当溶液 pH 值低于等电点时，羧基的电离受到抑制，氨基离子化，纤维带正电荷；当溶液 pH 值等于等电点时，纤维呈现电中性。

2. 纤维表面双电层

当纤维与溶液接触时，纤维表面带负电荷。为了使整个体系保持电中性，溶液中带有与纤维表面电荷相反的离子（称为反离子），由于受电荷引力的作用，有靠近纤维表面的趋势。此时，一部分反离子贴近纤维表面，并牢固地随纤维移动，形成吸附层。在吸附层外面，还有一部分反离子，虽然它们也被吸引，但不太强烈，在热运动和搅拌作用下，它们会与纤维产生相对位移，这就是扩散层。这种在纤维表面由相反离子的吸附形成的不同运动状态的两个层，称为双电层。与纤维表面电荷相反的离子浓度随着与纤维表面距离的增加而逐渐降低，而与纤维表面电荷相同的离子浓度随着与纤维表面距离的增加而逐渐提高，如图 4-1 所示。

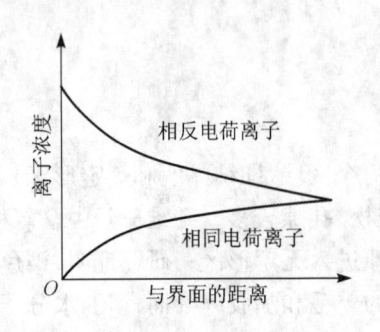

图 4-1　带电纤维表面附近溶液中各离子浓度变化示意图

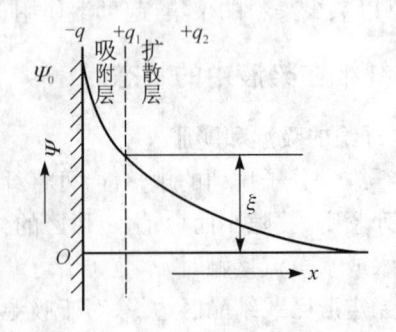

图 4-2　双电层和动电层电位示意图

3. 界面动电现象和动电层电位

由于吸附层反离子与纤维表面强烈吸引,在外力(如搅拌)作用下,一般不会与纤维表面产生相对位移,而扩散层反离子可以产生相对位移。所以,在外力作用下,纤维和溶液相对运动的滑动面不是纤维与溶液的界面,而是吸附层和扩散层界面。这种吸附层和扩散层之间的相对运动现象称为界面动电现象,吸附层表面与扩散层界面的电位与溶液内部的电位差称为动电层电位,或称 ζ 电位,如图 4-2 所示。

ζ 电位和纤维表面与溶液内部的总电位差(用 Ψ 表示)是两个完全不同的概念,它并不能完全表示纤维表面的带电情况。在很多情况下,ζ 电位和总电位符号相同,而绝对值较总电位差小。总电位差的测定较困难,因此,实际上一般都是测定 ζ 电位。部分纤维在中性水溶液中的 ζ 电位如表 4-1 所示。

表 4-1 部分纤维在中性水溶液中的 ζ 电位和等电点

纤维名称	棉	蚕丝	羊毛	涤纶	锦纶 6	腈纶
ζ 电位(mV)	$-40\sim-50$	-20	-40	-95	$-59\sim-66$	-81
等电点	—	3.8~4.0	4.2~4.8	—	5.0~5.6	—

4. 动电层电位与染色的关系

除蛋白质纤维和锦纶纤维在酸性(等电点以下)浴中带正电荷外,大部分纤维在染液中均带负电荷。所以,这里以纤维表面带负电荷为例。若用阳离子染料染色,染料阳离子与纤维表面电荷相反,则静电引力和分子间作用力方向相同,染料很容易发生吸附。但大部分染料属阴离子型染料,纤维与染料之间的分子间引力和它们之间的静电作用力是相反的。如活性染料染纤维素纤维,分子间引力和静电斥力具有相互抵消的作用。分子间引力与距离的 6 次方成反比,静电斥力与距离的平方成反比。显然,只有纤维与染料间的距离很近时,分子间的引力才能大于斥力。因此,在染色过程中,染料阴离子必须具有相当大的能量,足以克服分子间的斥力而靠近纤维时,染料分子才能被引力作用而被纤维吸附,达到上染的目的。ζ 电位越高,需要的能量越大,染料越不易上染;ζ 电位越低,需要的能量越小,染料越容易上染。因此,降低纤维的 ζ 电位有助于染料上染。

ζ 电位除了与纤维品种(表 4-1)有关外,溶液的 pH 值的影响很大。溶液的 pH 值升高,溶液中氢氧根离子浓度增加,有利于纤维中的酸性基团离解,也有利于纤维吸收氢氧根水合离子,因此,使纤维的 ζ 电位的绝对值提高。相反,溶液的 pH 值降低,溶液中氢离子浓度较高,纤维分子中酸性基团的电离受到抑制,且溶液中的氢氧根离子浓度低,纤维吸收氢氧根水合离子较少,因此,使纤维的 ζ 电位的绝对值降低。

溶液中存在的电解质的种类和浓度对 ζ 电位有很大的影响。当电解质浓度升高时,电解质阳离子被纤维表面吸附的数量大大增加,使 ζ 电位的绝对值下降。电解质阳离子对降低 ζ 电位的作用,随阳离子的种类,特别是阳离子的电荷数(价数)有很大的不同。阳离子价数越高,越容易在纤维表面吸附,降低 ζ 电位的倾向就越强。与纤维表面具有相同符号的电解质阴离子,对 ζ 电位的影响一般较小。其他阴离子物质(如阴离子染料、阴离子表面活性剂)在纤维表面吸附后,常使 ζ 电位的绝对值升高。

三、促染和缓染

在染色过程中,根据不同的情况常常需要使用助剂,以促进或延缓染料的上染。凡是用于促进染料上染的助剂称为促染剂,这种作用称为促染;用于延缓染料上染的助剂称为缓染剂,这种作用称为缓染。促染剂除了可以提高上染速率外,提高上染百分率也是主要目的之一,但使用不当,会影响匀染效果。加入缓染剂的主要目的是降低染料的上染速率,获得匀染效果,但同时会降低染料的上染百分率,所以要注意控制用量。

由于染料和纤维的种类繁多、性能各异,所以同一助剂在不同情况下所起的作用不同。染色中常用的助剂有中性电解质、酸、表面活性剂等。

(一)中性电解质

以阴离子染料染带负电荷的纤维(即纤维的ξ电位<0)时,染料—纤维间带相同电荷,当染料对纤维的亲和力较低时,加上染料与纤维间的静电斥力作用,使得染料上染比较困难。在染液中加入中性电解质,染液中的钠离子和氯离子(或硫酸根离子)的浓度增加,氯离子(或硫酸根离子)由于受到纤维表面负电荷的斥力作用而远离纤维,钠离子则受到纤维表面负电荷的引力作用而靠近纤维,造成钠离子在纤维表面附近溶液中的浓度高于溶液深处,使纤维的双电层变薄,动电层电位的绝对值降低,染料阴离子向纤维表面移动所受到的电荷斥力减小。另一方面,染料阴离子上染时,为了保持电荷中性,染料必须与钠离子一起移动。由于纤维表面的钠离子浓度高,当钠离子从低浓度向高浓度移动时,阻力很大。当加入中性电解质时,染液内部的钠离子浓度大大增加,降低了纤维附近与染液内部间的钠离子浓度差,使钠离子伴随着染料阴离子向纤维表面迁移时的阻力降低,从而使染料的上染速率提高。也就是说,此时加入的中性电解质对染料的上染起促染作用。染料分子中的磺酸基越多,中性电解质的促染作用越大。

当染料与纤维之间带相反电荷(如强酸性染料染羊毛,染液 pH 值在等电点以下)时,染料—纤维间既存在静电引力,又有范德华力和氢键作用。当染浴中加入中性电解质后,电解质阴离子被纤维吸引,使纤维的动电层电位降低,与染料阴离子之间的静电引力降低,吸附速率下降;同时,电解质阴离子的扩散速率快,优先于染料阴离子扩散而进入纤维内部,抢先占领染座,也降低了纤维对染料的静电引力作用。但由于染料阴离子对纤维的亲和力大于无机阴离子,因此,随着染料阴离子不断地被吸附和扩散,将逐渐取代与纤维结合的电解质阴离子。这一过程延缓了染料的上染。所以,中性电解质在染料与纤维电荷相反的染色过程中起缓染作用。

(二)酸

染液 pH 值对染料的上染有很大的影响。根据染色机理不同,染液中加入酸或降低 pH 值,对有些染料起促染作用,对有些染料则起缓染作用。

以阴离子染料对带正电荷的纤维(如阳离子燃料蛋白质纤维)进行染色时,染液中增加酸的用量,可抑制蛋白质纤维上羧基的电离,增加离子化的氨基数量,纤维与染料阴离子之间的静电引力增强,上染速率提高;同时,由于增加了染座数,染料的上染百分率也提高。所以,酸在这个过程中起促染作用。

以阳离子染料染带负电荷的纤维(如阳离子染料染腈纶)时,染液中加入酸,会抑制纤维上的羧基等弱酸性基团的电离,使纤维中的可染位置减少,动电层电位的绝对值降低,染料阳离子与纤维间的静电引力下降;此外,酸也抑制染料分子的电离,使染液中染料阳离子的浓度降低,因而降低了染料的上染速率。所以,酸在这一过程中起缓染作用。

(三)缓染剂

虽然中性盐及酸在部分染料的染色中起缓染作用,但在染色中,一般意义的缓染剂是指专门用来降低染料上染速率的表面活性剂,如平平加O、匀染剂1227等。这种表面活性剂根据其作用机理可分为两类。一类主要与染料作用形成胶束,通过降低染液中能够直接上染纤维的单分子状态染料浓度来降低染色速率。如还原染料隐色体染纤维素纤维时,染液中加入非离子型表面活性剂平平加O,它能与染料形成氢键结合,并形成不稳定的聚集体,从而延缓染料的上染。另一类是通过与纤维作用抢占染座来降低染色速率。如阳离子染料染腈纶时,加入阳离子型表面活性剂,由于它与染料离子符号相同,但相对分子质量比染料小,所以能与阳离子染料竞争染座,从而使染料的上染速率降低。应用这种缓染剂时,常常会使上染百分率下降。

四、染色平衡及吸附等温线类型

(一) 染色平衡概念

染料的上染是一个可逆过程。也就是说,染料一方面可以从染液中被纤维表面所吸附,并由纤维表面向纤维内部扩散;另一方面,纤维内部的染料可以向纤维表面扩散,纤维表面的染料可以解吸到染液中。染色刚开始时,染液中染料浓度高,纤维上没有或有很少的染料,因此吸附速率大于解吸速率,染料从染液向纤维表面转移占优势;随着染色时间的推移,纤维上的染料量逐渐增加,染液中的染料量相对减少,吸附速率降低,解吸速率提高,当吸附速率等于解吸速率时,染色达到平衡。这种平衡是动态平衡,若其他条件保持不变,继续延长染色时间,纤维上的染料量不会继续增加。

染色平衡包括染液中的染料浓度与纤维表面的染料浓度保持平衡、纤维表面与纤维内部的染料浓度保持平衡两个方面。染色平衡除受纤维与染料本身的影响外,还与外界条件(如染液温度、染液pH值、电解质及浓度等)有关。要达到染色平衡,一般需要较长的时间。对于一定的纤维和染料来说,达到染色平衡所需要的时间主要取决于温度和染料在纤维内的扩散。若染色温度高,染料的扩散性能好,到达染色平衡所需要的时间就短。此外,纤维的表面积、染液的循环等因素,对染色平衡所需时间也有影响。

(二) 吸附等温线类型

当染色达到平衡时,纤维对染料的吸附性质一般用吸附等温线表示。吸附等温线是指在恒定温度条件下,染色达到平衡时,纤维上的染料浓度$[D]_f$与染液中的染料浓度$[D]_s$的分配关系曲线。

不同类型的染料上染纤维时,对纤维的吸附性质有显著区别。吸附等温线可以直观地表示出随着染料用量的改变,纤维上和染液中的染料量(浓度)的分配规律。从吸附等温线的形状,可推断出染料上染纤维的基本原理,判断合理的染料用量范围。

染料吸附等温线类型有三种:分配型吸附等温线、弗莱因德利胥(Freundlich)吸附等温线、朗格缪尔(Langmuir)型吸附等温线。

1. 分配型吸附等温线

又称能斯特型(Nernst)或亨利(Henry)型吸附等温线,如图4-3所示。这种等温线完全符合分配规律,即在染色平衡状态时,染料在纤维上的浓度与其在染液中的浓度之比为常数,纤维上的染料浓度随着染液浓度的增加而提高,直至饱和。

其吸附等温方程式为:

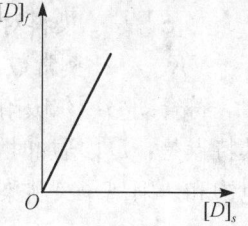

图4-3 分配型吸附等温线

$$[D]_f = K[D]_s$$

式中：$[D]_f$——染色平衡时纤维上的染料浓度(mol/kg)；

$[D]_s$——染色平衡时染液中的染料浓度(mol/L)；

K——比例常数，或称分配系数。

这种吸附可以看成是一种溶质在两种不相溶的溶剂中的分配关系，因此染料的上染可看成是染料在纤维中的溶解。该上染机理又称为固溶体机理。非离子型染料以范德华力、氢键被纤维吸附固着，即符合这种等温线。分散染料上染涤纶、腈纶、锦纶，基本符合分配型吸附等温型线。

2. 弗莱因德利胥吸附等温线

如图 4-4 所示。符合这种吸附机理的染料的上染属于多分子层物理吸附。该上染机理又称为多分子层吸附机理。色酚钠盐，活性染料、还原染料隐色体，直接染料等离子型染料染棉，以氢键、范德华力吸附、固着，符合此类型等温线。

其吸附等温方程式为：

$$[D]_f = K[D]_s^n$$

式中：$[D]_f$——染色平衡时纤维上的染料浓度(mol/kg)；

$[D]_s$——染色平衡时染液中的染料浓度(mol/L)；

K——比例常数；

n——常数，且 $0<n<1$。

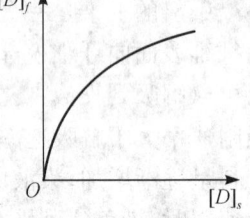

图 4-4 弗莱因德利胥吸附等温线

弗莱因德得胥吸附等温线的特点是：$[D]_f$ 随 $[D]_s$ 的增加而增加，且 $[D]_f$ 的增加速度随 $[D]_s$ 的增加而减慢。

3. 朗格缪尔吸附等温线

如图 4-5 所示。这种吸附等温线基于一定假设，即假定纤维上有一定数量的吸附染料的位置。这些位置称为染座。染料以单分子层定位吸附于这些染座上，当全部染座被染料占据时，染色就达到饱和，纤维不再吸附染料。这时纤维上的染料浓度称为染料对纤维的饱和值。

其吸附等温方程式为：

$$[D]_f = \frac{K[D]_s[S]_f}{1+K[D]_s}$$

式中：$[D]_f$——染色平衡时纤维上的染料浓度(mol/kg)；

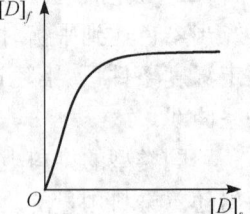

图 4-5 朗格缪尔吸附等温线

$[D]_s$——染色平衡时染液中的染料浓度(mol/L)；

$[S]_f$——染料对纤维的饱和值；

K——比例常数。

符合朗格缪尔吸附等温线的染料上染属于化学定位吸附。该上染机理又称为成盐机理。其特点是：$[D]_s$ 增加时，$[D]_f$ 随之增加；但当 $[D]_s$ 达到一定值时，则 $[D]_f$ 不再变化，即达到染色饱和。阳离子染料染腈纶、强酸性染料染羊毛，即符合此类型等温线。

五、染色动力学和热力学的概念

染色动力学讨论染色趋于平衡的快慢,常用染色速率表示。染色热力学讨论染色达到平衡时染料在纤维上及染液中的的分配关系,即染料转移的趋势,常用亲和力表示。

(一) 染色速率

染色速率是指染色趋于平衡的速率。它主要取决于染色过程中较慢的一个阶段,即染料在纤维中的扩散过程。

在恒定温度条件下染色,测定不同染色时间下染料的上染百分率,以上染百分率为纵坐标、染色时间为横坐标作图,所得到的关系曲线称为上染速率曲线,如图4-6所示。

上染速率曲线表示染色趋向平衡的速率和平衡上染百分率。它是在固定染色温度条件下上染过程的特征曲线,也称为恒温上染速率曲线。

在上染速率曲线中,上染百分率随染色时间的延长而提高,直至染色平衡或接近平衡。染色平衡时的上染百分率称为平衡上染百分率,它表示在一定条件下染料可以达到的最高上染百分率。达到平衡上染百分率所需的时间往往很长,因此,染色速率通常用半染时间来表示。半染时间就是达到平衡上染百分率一半时所需要的时间 $t_{1/2}$,其值越小,表示染色趋向平衡的时间越短,染色速度越快。半染时间相同的染料,尽管它们的平衡上染百分率不同,但由于上染速率相同,拼色时可获得前后一致的色泽。因此,拼色时,为使染色前后得色均匀一致,应选用 $t_{1/2}$ 值相近的染料。

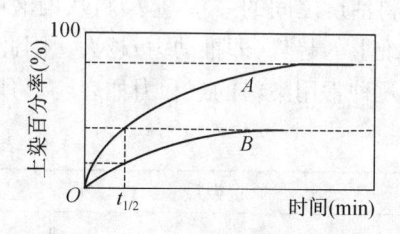

图4-6 染料上染速率曲线示意图

(二) 染料亲和力

根据热力学的观点,染料从染液中自动转移到纤维上,是由于染料在溶液中的自由能或化学位高,而在纤维上的自由能或化学位低。染料从染液中上染至纤维伴随着自由能或化学位的降低,这种变化符合热力学定律。对于理想溶液,化学位可用下式表示:

$$\mu = \mu^0 + RT \ln C$$

式中: μ——化学位;
μ^0——标准化学位;
R——气体常数;
T——绝对温度;
C——溶液的摩尔浓度。

但染料溶液并不是理想溶液,所以,表示染料化学位时应该用活度来代替浓度。当压力不变时,染料在染液中及其在纤维上的化学位分别为:

$$\mu_s = \mu_s^0 + RT \ln a_s$$
$$\mu_f = \mu_f^0 + RT \ln a_f$$

式中: μ_s, μ_f——染料在染液中和纤维上的化学位;
μ_s^0, μ_f^0——染料在染液中和纤维上的标准化学位;

a_s，a_f——染料在溶液中和纤维上的活度。

染料从染液向纤维转移的必要条件是 $\mu_s > \mu_f$，当染色平衡时，$\mu_s = \mu_f$，即得：

$$\mu_s^0 + RT\ln a_s = \mu_f^0 + RT\ln a_f$$
$$-(\mu_f^0 - \mu_s^0) = -\Delta\mu^0 = RT\ln(a_f/a_s)$$

式中：$\Delta\mu^0$——染料对纤维的染色标准亲和力，简称亲和力（即亲和力是指染料在纤维上的标准化学位与其在染液中的标准化学位的差值的负值）。

亲和力表示在一定温度、压力条件下，上染达到平衡时，纤维上的染料活度和染液中的染料活度之间的关系，是染料从染液向纤维转移趋势的度量。亲和力越大，染料从染液转移至纤维上的趋势（即推动力）越大。因此，可根据亲和力的大小来定量地衡量染料上染纤维的能力。几种常用染料的亲和力如表 4-2 所示。亲和力的单位采用"kJ/mol"。

表 4-2 几种常用染料的亲和力

直接染料		活性染料		还原染料	
染料名称	$-\Delta\mu^0$ (kJ/mol)	染料名称	$-\Delta\mu^0$ (kJ/mol) (20 ℃)	染料名称	$-\Delta\mu^0$ (kJ/mol) (50 ℃)
直接菊黄 G	12.54(90 ℃)	活性黄 M-R	16.30	还原黄 3GF	20.36
直接红 2B	12.96(90 ℃)	活性艳橙 M-G	12.969	还原红玉 R	26.33
直接坚牢大红 8B	20.48(90 ℃)	活性艳红 M-5B	10.45	还原大红 2G	23.66
直接耐晒黄 6G	22.15(70 ℃)	活性蓝 M-3G	8.78	还原金橙 3G	22.91
直接棕 M	25.08(70 ℃)	活性艳黄 M-6G	7.94	还原蓝 BC	23.41
直接灰 RG	18.97(70 ℃)	活性艳红 M-2B	7.52	还原艳绿 FFB	23.91
直接紫 N	19.23(70 ℃) 18.97(80 ℃)	活性蓝 M-R	6.69	—	—
直接天蓝 FF	27.59(70 ℃) 26.33(80 ℃)	活性红 M-G	5.02	—	—

亲和力与直接性是两个完全不同的概念。亲和力具有严格的热力学概念，在指定纤维上；它是温度和压力的函数，是染料的属性，不受其他条件的影响。而直接性常用作亲和力的定性描述，只表示染料在一定条件下的上染性能；它受到温度、压力、电解质、浴比、染液 pH 值、表面活性剂及染色浓度等多种因素的影响。直接性没有严格的定量表示法，一般用平衡上染百分率表示。上染百分率高的称为直接性高，上染百分率低的称为直接性低。

任务三 染色常用方法

一、染色方法的一般分类

染色方法有多种分类法：一是按照纺织纤维的形态分类，包括散纤维染色、毛条染色、纱线染色、匹染及成衣染色等；二是按照染料的上染机理分类，包括浸染染色和轧染染色。

散纤维染色指对纺纱之前的纤维或散纤维的染色。色纺纱大多采用散纤维染色的方法，常用于粗纺毛织物。

毛条染色属于成纱前的纤维染色，与散纤维染色的目的一样，是为了获得柔和的混色效果。毛条染色一般用于精梳毛纱与毛织物。

纱线染色是指织造前对纱线进行染色，一般用于色织物、毛衫或直接使用的纱线（如缝纫线）。纱线染色又分为绞纱染色、筒子染色及经轴染色。

匹染是指对织物进行染色的方法，常用的方法有绳状染色、喷射染色、卷染和轧染。

成衣染色是把成衣装入尼龙袋子，将一系列的袋子一起装入染缸，在染缸内持续搅拌（桨叶式染色机）。成衣染色多适合于针织袜类、T恤等针织产品，以及毛衫、裤子、衬衫等简单的成衣。

本任务重点以染料的上染机理分类法，即浸染和轧染进行介绍。

二、浸染方法

浸染是将被染物浸渍于染液中，在染液与被染物的相对运动中，借助染料对纤维的直接性，使染料上染纤维并固着的一种加工方法。常用的浸染设备包括卷染机、溢流染色机、喷射染色机。

（一）相关概念

1. 浴比

指单位质量的纤维与加工溶液的体积比。如浸染打样时，规定浴比为 1∶50（有时也表示为 50∶1），含义为纤维质量为 1 g 时，染液体积为 50 mL；或纤维质量为 1 kg 时，染液体积为 50 L。

2. owf%浓度

常用于表示染色浓度，指印染加工时，投加的染料（或其他助剂）质量对被加工纤维质量的百分数。如浸染时，某染料的染色处方用量 o.w.f.%浓度为 2%，含义为 100 g 纤维用 2 g 染料进行染色。

该浓度表示方法适用于浸染加工方法。该加工方法属于间歇式生产，被加工织物（或其他纤维形式）按一定质量进行配缸染色，故相对于纤维质量规定染料或其他助剂的投料量，更科学、方便和直观。

3. 质量体积比浓度

指 1 L 溶液中含有（或所需）的染料（或助剂）的质量克数，单位为"g/L"。

该浓度表示方法适用于轧染加工方法，表示染液处方浓度。在浸染法的染液处方中，助剂用量也常常用质量体积比浓度表示。例如分散染料热熔染色时，浸轧染液的组成处方为：

分散染料　　　　10 g/L
JFC　　　　　　 1 g/L
防泳移剂　　　　10 g/L

4. 体积比浓度

指 1 L 溶液中含有的助剂的体积毫升数，单位为"mL/L"。

该浓度表示方法适用于商品助剂为液体剂型时，表示加入助剂的处方浓度。例如分散染料高温高压染色时，为控制染液 pH 值，冰醋酸处方浓度为 0.5 mL/L。

5. 质量百分比浓度

以溶质的质量占全部溶液的质量的百分比表示的浓度,表示为 $x\%$。

$$质量百分比浓度 = \frac{溶质的质量(g)}{溶液总质量(g)} \times 100\%$$

作为溶液中溶质浓度的常用表示方法之一,主要用于溶液剂型的商品试剂。如 98% 硫酸试剂,即表示 100 g 该溶液中含 98 g 溶质 H_2SO_4、水 2 g。若知该溶液的密度为 1.84 g/mL,则可以换算出该溶液的质量体积比浓度为 1 803.4 g/L,也可以换算成物质的量浓度为 18.4 mol/L。染色处方中一般不采用该浓度表示法,但染整加工时,经常采用醋酸、硫酸、盐酸、液碱等助剂,制订工艺处方时需要进行相关浓度的换算。

(二) 相关计算

1. 染料(助剂)母液配制计算

例1:设染料母液配制体积为 V mL,浓度为 C g/L,求称取染料质量 m。

解:$m = C \times V \times 10^{-3}$ (g)

如配 4 g/L 染料 250 mL 母液,称取染料多少克?

$m = 4 \times 250 \times 10^{-3} = 1.0$ (g)

例2:配制 0.5 g/L 染料溶液 100 mL,需吸取 10 g/L 的染料母液多少毫升?

解:由于 $0.5 \times 100 = 10 \times V$,因此

$V = 5$ (mL)

例3:配制浓度为 5 mL/L 的冰醋酸母液 250 mL,需吸取冰醋酸多少毫升?

解:$V = 5 \times 250 \times 10^{-3} = 1.25$ (mL)

2. 染色打样处方的相关计算

例1:织物 2 g,浴比为 1:50,染料浓度 owf%=0.5%,促染盐硫酸钠的浓度为 5 g/L。问:(1)吸取 2 g/L 的染料母液多少毫升?(2)称取硫酸钠质量多少克?(3)加水多少毫升?

解:根据浴比可知,配制染液总体积为 $50 \times 2 = 100$ mL

(1) 设吸取染料母液体积为 V

则   织物质量(g) × owf% = 染料母液浓度(g/L) × V(mL) × 10^{-3}

V(mL) = 10 × 织物质量(g) × o.w.f.% ÷ 染料母液浓度(g/L) = 5 (mL)

(2) 称取硫酸钠质量为:促染盐浓度 5 g/L × 染液总体积 100 mL × 10^{-3} = 0.5 (g)

(3) 加水的体积为:100 − 5 = 95 (mL)

例2:吸取 2 g/L 染料母液 10 mL,染 2 g 织物,浴比为 1:50,此时染料的 owf% 为多少?

解:$owf\% = \dfrac{染料母液浓度(g/L) \times V(mL) \times 10^{-3}}{织物质量(g)} \times 100\%$

$= \dfrac{2 \times 10 \times 10^{-3}}{2} \times 100\% = 1\%$

3. 染色生产基本计算

例1:织物 1 000 m,每米质量 80 g,浴比 1:20,染料 1 的浓度为 1%(o.w.f.),染料 2 的浓度为 0.2%(owf),食盐浓度为 30 g/L。问:织物质量、染液量、称取染料和食盐量、加水量各为多少?

解：织物总质量 $=80\times1\,000\times10^{-3}=80(kg)$

染液总体积 $=20\times80=1\,600(L)$

因此，称取染料 1 的质量 $=80\times1\%=0.8(kg)$

称取染料 2 的质量 $=80\times0.2\%=0.16(kg)$

称取食盐的质量 $=30\times1\,600\times10^{-3}=48(kg)$

加入的水的体积 $=1\,600$ L

例 2：某织物卷染时，配缸每卷布长 800 m、幅宽 1.15 m，已知该织物的面密度为 130 g/m²，由小样得知，染料用量是织物质量的 2.54%(owf)。问：(1)每卷布染色时，实际需染料质量为多少？(2)若已知浴比为 1∶4，需配制染液多少升？

解：(1)每卷布质量 $=130\ g/m^2\times800\ m\times1.15\ m\times10^{-3}=119.6\ kg$

且染料 owf% $=2.54\%$

所以，称取染料质量 $=119.6\ kg\times2.54\%\approx3.04\ kg$

(2) 由于每缸布的质量为 119.6 kg，且染色浴比为 1∶4，因此，

配制染液的体积 $=4\times119.6=478.4(L)\approx480(L)$

(三) 方法特点

浸染染色设备简单，投资少，操作容易，适用于小批量、多品种的生产，广泛应用于散纤维、纱线、针织物、稀薄织物等的染色。浸染染色属于间歇式生产方式，劳动生产率较低。

浸染时，染液各处的温度和染料、助剂的浓度要保持均匀一致，被染物各处的温度也要一致，否则会导致染色不匀。因此，染液和被染物的相对运动很重要。浴比是影响染液和染物相对运动的一个因素，浴比太小，易导致染色不匀。此外，浴比还对能量消耗、废水处理等有影响。

为了提高染料的利用率，除了在工艺上制订合理的温度、时间和添加必要的助剂外，采用小浴比染色也是一种方法。印染企业常采用连续使用残液染色的方法，即续缸染色的方法。

三、轧染方法

轧染是将织物在染液中经过短暂的(一般为几秒或几十秒)浸渍后，立即用轧辊轧压，将染液挤压进入织物的组织和空隙内，同时轧去多余的染液，使染料均匀地分布在织物上。染料的扩散和固着主要通过后续的汽蒸或烘焙等处理过程完成。

(一) 相关概念

1. 轧余率

轧压后织物上所带的液量通常用轧余率表示。轧余率是指织物浸轧加工液后，织物上所含加工液的质量与织物浸轧前的质量的百分比。其计算式为：

$$轧余率=\frac{织物轧液后质量(g)-织物轧液前质量(g)}{织物轧液前质量(g)}\times100\%$$

织物不同，对轧余率的要求不同，棉织物的轧余率在 70% 左右，合成纤维的轧余率在 40% 左右。轧余率大，带液量高，一方面，织物烘干时水分蒸发的负荷重；另一方面，对于亲和力小的染料，尤其是采用悬浮体轧染时，染料易发生泳移。

2. 泳移

织物在浸轧染液后的烘干过程中,染料随水分的移动而移动的现象,称为染料的泳移。

染料的泳移是轧染生产中影响染色匀染度的主要因素之一,主要与织物的含水量、染料的亲和力及烘干工艺有关。

在轧染生产中,为防止泳移现象发生,保证染色匀染度,一方面根据纤维吸湿性控制合适的轧余率(不能过高),另一方面可在染液中加入适量防泳移剂,并采取适当的烘干方式。

3. 轧槽染液冲淡与加浓

指轧染初开车前,对轧槽中染液浓度进行调整,通过加水来降低或通过加入高浓度染液来提高轧槽中染液浓度的操作。

轧染时常因染料的直接性导致轧槽中染液浓度在初开车时不稳定。在轧染的开始阶段,直接性大的染料,织物实际带走的染液浓度高于贮液罐的染液浓度;无直接性的染料(如还原染料悬浮液),织物实际带走的染液浓度低于贮液罐的染液浓度。经过浸轧一定长度的织物后,两者均会达到染液浓度平衡,最终导致前者产生头深,而后者产生头浅现象。为此,在轧染开车前,对于直接性大的染料,轧槽中染液浓度要进行稀释或冲淡。根据染料的直接性大小,冲淡率一般控制在 5%~20%。对于无直接性的染料,轧槽中染液浓度要适当加浓(对于部分染料,可采取在固色阶段加入染料的方式)。

另外,在拼色轧染时,要选择直接性相近的染料。如果选用直接性相差较大的染料,要对初始染液中各染料的拼色比例进行适当调整,以消除或减小轧染初始阶段色光的波动。

(二) 相关计算

例: 活性染料轧染工艺中,染液处方为染料 5 g/L、碳酸氢钠 10 g/L、JFC 2 g/L。若配制轧染液 100 mL,需要各染化料用量为多少?若棉布小样质量为 6 g,控制轧余率为 70%,轧后织物质量应为多少?

解: 染料用量 $= 5 \times 100 \times 10^{-3} = 0.5(g)$

碳酸氢钠用量 $= 10 \times 100 \times 10^{-3} = 1(g)$

JFC 用量 $= 2 \times 100 \times 10^{-3} = 0.2(g)$

轧后织物质量 $= 6 \times (1 + 70\%) = 10.2(g)$

(三) 方法特点

轧染作为连续化染色加工方式,设备投资多,占地面积大,染化料、能源消耗大,但生产效率高,适用于大批量织物的染色加工。

任务四 常用染色设备

染色设备与染色工艺的适应性,不仅关系到产品质量、生产效率及劳动强度,而且对能耗、染色成本有很大的影响。随着生产工艺和科学技术的发展,染色设备日益增多,按机械运转方式可分为间歇式染色机和连续式染色机两大类;按被染物形态可分为散纤维染色机、纱线染色机和织物染色机;按织物在设备中的运行状态可分为绳状染色机和平幅染色机。下面对常用的染色设备进行介绍:

一、织物浸染染色设备(间歇式染色设备)

(一)绞盘式绳状染色机

绞盘式绳状染色机习称为匹染机,如图 4-7 所示。

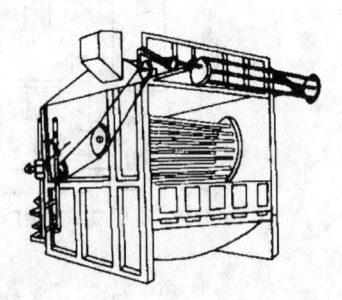

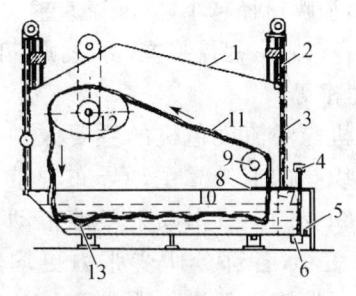

图 4-7 绳状染色机
1—槽盖 2—滑车 3—窗门 4,5,6—排水阀门 7—多孔板 8—分布栅
9—被动导布辊 10—染液 11—织物 12—椭圆形导布辊 13—染槽

染色时,织物头尾缝接成环状,大部分浸渍在染液中,经椭圆形导布盘带动,在染槽内循环。染化料由加料槽通过多孔板分散于染槽中。分布栅使布匹之间分开,循环运行,以避免缠结。染后织物经导布辊导出。

该设备结构简单,价格低廉,操作便利,机械故障少,易于维修,但织物进出染色机需手工操作,劳动强度大,产量较低。它的最小染色浴比为 1∶20,主要用于针织物染色。

(二)溢流染色机

溢流染色机如图 4-8 所示。

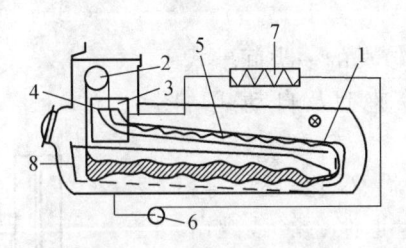

图 4-8 溢流染色机
1—织物 2—主动导布辊 3—溢流口 4—溢流槽
5—溢流输布管 6—循环泵 7—热交换器 8—浸渍槽

染色时,染液从染槽底部抽出,经热交换器加热后进入溢流槽。溢流槽内平行装有 2 根或 3 根溢流管进口。织物由主动导布辊及染液的溢流输布管带动,同向运动,但染液的运动速度较织物快,如此循环,完成染色过程。

该设备自动化程度高,操作简便,染色时织物处于松弛状态,所受张力较小,染色均匀,手感柔软;可在常温常压下染色,也可用于高温高压染色;主要适用于合成纤维针织物、弹力织物,及稀薄、疏松、弹性较好的纤维素纤维制品的染色。

(三)喷射染色机

喷射染色机的种类很多,按其外形不同可分为 U 形立式喷射染色机、C 形轮胎式喷射染色机等。图4-9所示为U形立式喷射染色机的一种。

染色时,染液自中部抽出,经热交换器加热后,由喷嘴喷出,带动织物循环运行。喷嘴是喷射染色机的关键部分,喷嘴口径越小,染液流速越大,冲击力越大。该设备常附有程控装置,可按预定工艺控制时间、升温速率等。

喷射染色机与溢流染色机的主要区别在于:溢流染色机中织物的上升靠主动导布辊带动;而喷射染色机中织物的上升由喷射染液带动,因此织物所受张力更小,各部分所受张力更均匀,染物手感更柔软。但该设备操作要求高,需根据不同规格的织物选用适宜的喷嘴,如掌握不当,易发生堵布现象。

(四)喷射溢流染色机

喷射溢流染色机如图4-10所示。

该机型是在喷射和溢流染色机的基础上发展起来的,机内既有溢流装置,又有喷射装置。与溢流染色机相比,织物所受张力小,染色浴比小,染液与织物的循环速度快,匀染性好。与喷射染色机相比,操作比较简单,但容易产生大量泡沫。

(五)卷染机

卷染机又称染缸,是使用较早的一类间歇式平幅染色机,可分为普通型、等速型及自动式。图4-11所示为等速卷染机。

卷染机主要用于直接、活性、硫化、还原等染料的平幅染色,也可用于小批量退浆、煮练、漂白、水洗、皂煮和染后处理等。由于该设备机动灵活、结构简单、操作简便、投资少,被广泛使用,尤其适用于多品种、小批量织物的染色。

二、织物轧染染色设备(连续化染色设备)

连续化染色设备适用于大批量织物的染色加工,劳动生产率高,但染化料、能源消耗大,设备投资大,占地面积大。

连续轧染机一般由浸轧装置、烘干装置、汽蒸箱、焙烘箱及水洗装置等几个部分组成。根据单元机的组成不同,可适用于各种染料的染色,如活性染料、还原染料、不溶性偶氮染料、可溶性还原染料、酞菁染料等。

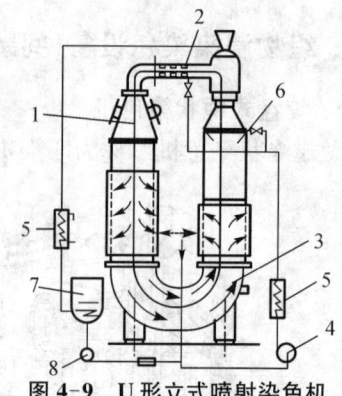

图4-9 U形立式喷射染色机
1—织物 2—喷嘴 3—浸渍区
4—循环泵 5—热交换器
6—反冲喷嘴 7—配料桶 8—加料泵

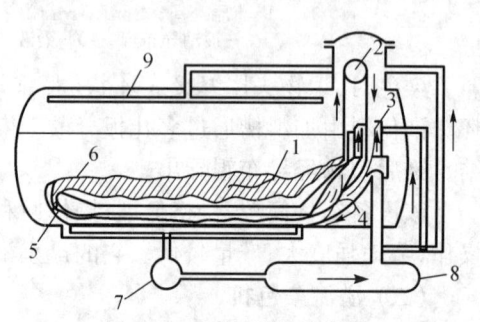

图4-10 喷射溢流染色机
1—织物 2—导布辊 3—溢流口 4—喷嘴
5—输布管道 6—浸渍槽 7—循环泵
8—加热器 9—喷淋管

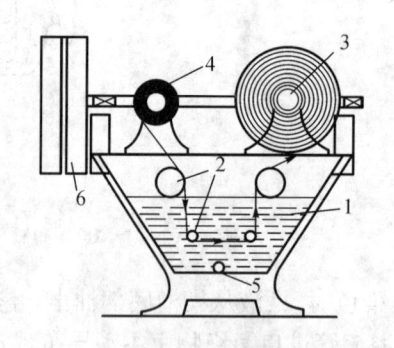

图4-11 等速卷染机
1—染槽 2—导布辊
3—卷布辊 4—织物
5—蒸汽管 6—调速齿轮箱

（一）浸轧装置

浸轧装置的作用是使织物均匀带液，并轧去多余的染液，便于烘干。浸轧装置包括浸轧槽和轧辊两个部分。浸轧槽为不锈钢制，容量一般在 100 L 以内。轧辊有软、硬两种。硬轧辊由不锈钢或胶木制成，软轧辊由橡胶制成。轧车按轧辊数分有二辊和三辊两种；按位置分有立式和卧式两种；按加压方式分有杠杆式、气动式和油泵加压式。通常通过调节轧辊的压力来控制轧余率的大小，以满足不同的工艺要求。

（二）烘干装置

烘干装置的作用是使水分蒸发，干燥织物。常用的有红外线、热风、烘筒烘燥（又称锡林烘燥）等方式。红外线烘燥是利用红外线热辐射穿透织物内部，使水分蒸发。采用这种方法，织物受热均匀，不易发生染料的泳移，烘燥效率较高，设备占地面积小。热风烘燥是通过由喷口喷出的热空气烘干织物，织物所蒸发的水分散逸在空气中，使机内空气含湿量增大，所以烘燥效率低，且设备占地面积大。红外线和热风烘燥方式均属无接触式烘干，织物所受张力较小。烘筒烘燥是将织物包绕在用蒸汽加热的金属圆筒表面，使水分蒸发。它的烘燥效率较高，但若温度掌握不好，容易造成染料泳移，所以操作中温度以先低后高为宜。在实际生产中，为了提高烘燥效率，往往是几种方式联合使用，一般先用无接触烘干方式，当水分蒸发到一定程度后，再用接触烘干方式。这样，既防止了染料发生泳移，又能提高烘燥效率。

（三）汽蒸箱

汽蒸箱的作用是借助蒸汽使纤维膨胀，使织物上的染化料助剂扩散、渗透或反应，从而完成染料的上染和固着。汽蒸箱由铁板制成，顶部有蒸汽夹板，防止冷凝水滴在布上而造成水渍。箱内有导布辊，分上、中、下三层，上层导布辊为主动辊，其他两排为被动辊。蒸箱内通入饱和蒸汽，蒸箱底部有直接及间接蒸汽管，便于控制箱内的温湿度。箱体外包有石棉，用以绝热保温。还原蒸箱内不得进入空气，所以，在蒸箱的进出口处设置水封口或汽封口。汽蒸条件一般为 100~105 ℃，1 min 左右。

（四）焙烘箱

焙烘箱的作用是以干热气流作为传热介质，使织物升温，染料扩散进入纤维内部而固着。焙烘箱一般为导辊式，与热风烘燥机相似，但温度较高，可达 180~220 ℃。其热源是利用可燃性气体与空气混合燃烧，也有用红外线加热焙烘的。主要用于涤纶及其混纺织物的分散染料热熔染色，也可用于活性染料、酞菁染料的固色。

（五）水洗装置

水洗装置的作用是去除染色织物上的浮色及其他助剂，使织物色光纯正、手感正常、牢度优良。最常用的是平洗槽，由铸铁或不锈钢制成，可用于冷水洗、热水洗、皂洗（或皂煮）等处理。

图 4-12 所示为连续轧染机的一种型号，主要用于还原染料悬浮体轧染，也可用于活性染料轧染。

三、散纤维及纱线染色设备（间歇式浸染设备）

（一）散毛染色机

如图 4-13 所示，染色机染色时，先将洗净的散毛均匀地装入散毛桶内；装满后将散毛桶吊入染槽中，压紧顶盖，开动循环泵，染液由散毛桶的多孔芯轴喷出，通过纤维层，再回到循环泵。染色的温度和时间按升温工艺曲线控制。染毕放去残液，注入清水，循环洗净纤维上的浮色，

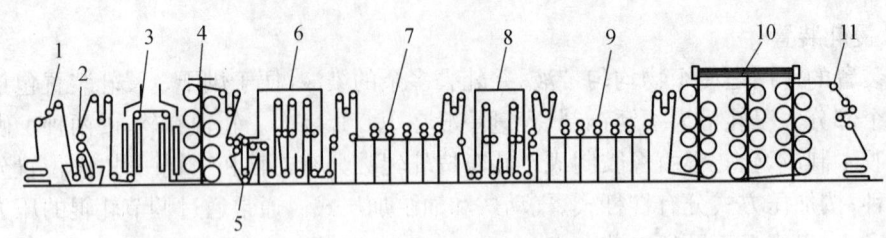

图 4-12 连续轧染机

1—进布架 2—二辊轧车 3—红外线烘燥 4,10—烘筒烘燥 5—浸轧槽
6—还原汽蒸箱 7,9—平洗槽 8—皂蒸箱 11—落布架

然后吊起散毛桶,取出纤维。

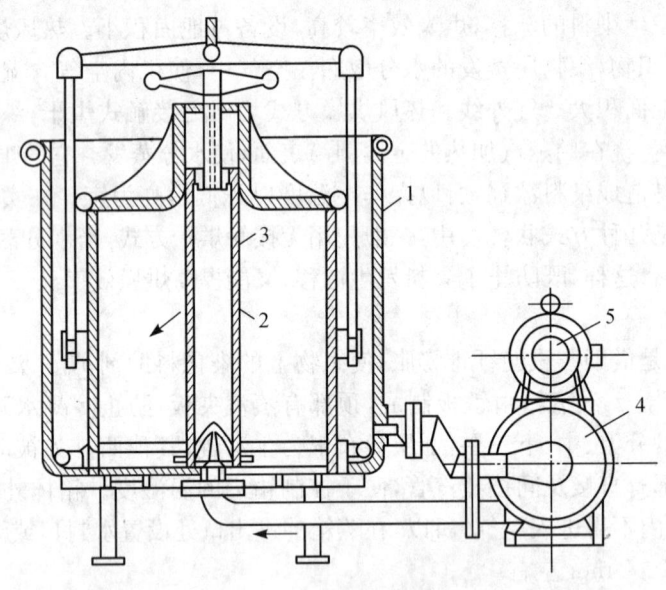

图 4-13 散毛染色机

1—染槽 2—散毛桶 3—多孔芯轴 4—染液循环泵 5—电动机

(二) 高温高压染纱机

如图 4-14 所示,高温高压染纱机主要用于染涤纶散纤维、涤纶毛球及涤纶绞纱。涤纶一般在 130 ℃ 左右进行染色。在此温度下染色,其匀染性和上染率都比较理想。染色时,将纤维装入染笼;装满后用吊车将染笼吊入染槽中,盖好密封盖,开动循环泵使染液循环,升温染色;染毕放去残液,注入清水洗涤纤维,开启顶盖,吊出染笼,取出纤维。

(三) 往复式绞纱染色机

往复式绞纱染色机主要由染槽、往复轨道、套纱架及传动装置组成。染色时,将纱线挂在挂纱棒上,挂纱棒相应地做左右移动,挂纱棒本身做倒顺旋转,使绞纱与染液产生相对运动而获得均匀染色。该设备适用于棉纱线的直接染料、硫化染料、还原染料、冰染染料、活性染料的染色,由于为间歇操作,劳动强度较大。

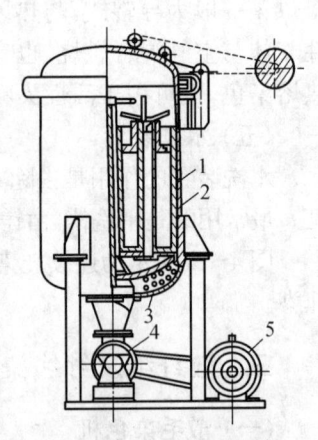

图 4-14 高温高压染纱机

1—染槽 2—染笼
3—间接蒸汽加热管
4—染液循环泵 5—电动机

(四)高温高压筒子纱染色机

如图 4-15 所示。染色前先将纱线卷绕在特制的筒管上,筒管为多孔的不锈钢管,纱筒可呈锥形或圆柱形。染色时,将筒子纱串装在芯架上,吊入染缸,盖上封闭盖,开动循环泵,染液可正/反方向循环,按升温工艺控制升温速度及染色时间。染毕吊出筒子纱架,送入筒子纱烘干机,烘干。

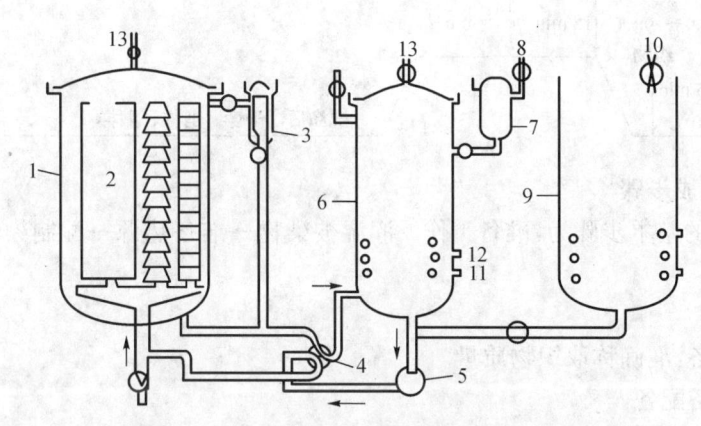

图 4-15 高温高压筒子纱染色机

1—高压染缸 2—纤维支架 3—染小样机 4—四通阀 5—循环泵 6—膨胀缸 7—加料槽
8—压缩空气 9—辅助槽 10—进水管 11—冷凝水管 12—蒸汽管 13—放汽阀

【技能训练】

一、棉布染色操作(以浸染法为例)

(一)训练器材准备

(1)仪器设备:恒温水浴锅、电子天平、容量瓶(50 mL 或 100 mL)、染杯、移液管(10 mL、5 mL、2 mL、1 mL)、烧杯(100 mL)、玻璃棒、胶头滴管、洗瓶、表面皿、温度计、称量纸、标签纸(口吸纸)、电熨斗等。

(2)染化药品:直接染料、元明粉、平平加 O。

(3)实验材料:纯棉半制品 1 块(约 2 g)/人。

(二)基本原理

小样染色是染整实验室的常规任务。要保证染色质量,除了设计合理的染色工艺外,重要的是要规范操作。按照工作步骤,小样染色涉及的主要任务包括:染色工艺设计,织物与染化药剂准备,及染色操作三大环节。

本训练的目的是让学生学会正确地进行处方计算,熟悉小样染色的基本过程,规范操作小样染色仪器设备;任务是对所给处方按指定工艺进行染色。

(三)染色方案

1. 染色处方及工艺

(1)基本条件:织物 2 g/块,浴比 1∶50,染料母液浓度 2 g/L,平平加 O 母液浓度 20 g/L。

(2)染色处方:

染料浓度(owf%)	1.0
平平加 O(g/L)	0.3
元明粉(g/L)	10

2. 染色工艺曲线

```
                1/2元明粉  1/2元明粉
     95~98 ℃  ↓ 15 min  ↓ 15 min
        织物 ┌─────────────┐
     15 min │             │
      50 ℃ ─┘             └──── 洗涤后，干燥、剪样、贴样
```

(四) 任务完成步骤

浸染法打样的基本步骤为：准备工作→润湿被染物→准备热源→配制染液→染色操作→整理贴样。

1. 准备工作

(1) 织物准备：准确称取织物质量。

(2) 仪器设备配备。

(3) 配制染料母液。

(4) 配制平平加 O 母液。

2. 试样润湿

将事先准备好的小样，放入温水(40 ℃左右)或冷水(对于低温染色的染料，如 X 型活性染料)中润湿浸透，挤干，待用。

3. 热源准备

检查水浴锅水位，设定温度，打开水浴锅电源加热。

4. 配制染液

根据染料浓度、助剂用量及浴比配制染液。一般，缓染剂在配制染液时加入，促染剂在染色一定时间(一般为 15 min)后开始加入。

5. 染色操作

将配制好的染液放入水浴锅中，加热至入染温度，放入准备好的小样开始染色，在规定时间内升至染色的最高温度；加入所用促染剂(用量较大时，可分 2~3 次加入)，加入时先将小样提出液面，搅拌溶解后再将小样放入；染至规定时间，取出染样，水洗，熨干。

6. 整理贴样

将染色干燥后的小样，裁剪成适合样式表格尺寸的整齐方形或花边方形，在裁好的方形小样反面边沿处涂抹固体胶，对应粘贴在样卡上。注意粘贴时，各浓度的小样纹路方向要一致。

7. 注意事项

(1) 在染色开始的 5 min 内和刚加入促染剂后 5 min 内，染料上染较快，此时需加强搅拌，以防染色不匀。

(2) 在染色的整个过程中，要尽量防止小样暴露在液面外。

(3) 染色时，小样要处于松弛状态，避免玻璃棒压住小样而影响染液渗透。

二、染料上染百分率测定

(一) 训练器材准备

(1) 仪器设备:分光光度计、滤纸、恒温水浴锅、容量瓶(25 mL 或 50 mL)、染杯、移液管(2 mL)、表面皿、温度计、电子天平等。

(2) 染化药品:直接染料。

(3) 实验材料:纯棉半制品 1 块(4 g)。

(4) 染料母液:2 g/L。

(5) 染色浓度:1%(o.w.f.)。

(6) 元明粉:从第一小组到第六小组依次为 1 g/L、3 g/L、6 g/L、10 g/L、15 g/L、20 g/L。

(二) 基本原理

在染色过程中,随着染料对纤维的吸附、扩散和固着,染液中的染料量不断减少,纤维上的染料量不断增加。纤维上的染料量占原染液中染料总量的百分率称为上染百分率。根据朗伯—比尔定律:

$$A = \lg(1/T) = Kbc$$

式中:A——吸光度;

T——透射比,指投射光强度与入射光强度的比值;

c——吸光物质的浓度;

b——吸收层厚度。

当一束平行单色光垂直通过某一均匀非散射的吸光物质时,其吸光度 A 与吸光物质的浓度 c 及吸收层厚度 b 成正比。

在染料的最大吸收波长处,分别测定染色前后染浴的吸光度,据此可计算出染料的上染百分率。

$$上染百分率 = \left(1 - \frac{A_2 N_2}{A_1 N_1}\right) \times 100\%$$

式中:A_2——染色后染液稀释一定倍数后的吸光度;

N_2——染色后染液稀释倍数;

A_1——染色前染液稀释一定倍数后的吸光度;

N_1——染色前染液稀释倍数。

(三) 任务完成步骤

(1) 配制合适浓度的待测染料母液。

(2) 吸取需要体积的染料母液置于染杯中,并加入需要的助剂、水等配好染液,搅匀,加热至入染温度。

(3) 将被染物投入染液,按照规定的染色工艺进行染色。

(4) 染毕取下染杯,冷却至室温,取出被染物。挤出吸附在纤维上的染液,并入染色残液中。用少量蒸馏水冲洗被染物,冲洗液亦并入染色残液中。将染色残液移入 100 mL 容量瓶中,用蒸馏水稀释至刻度,摇匀,待测色用。

(5) 从已经配制好的染料母液中,吸取所需体积(与染色用量相同)的染液,并加入其他助剂,移至另外一个 100 mL 容量瓶中,用蒸馏水稀释至刻度,摇匀。采用分光光度计,首先测定上述染液的最大吸收波长,然后在该波长下测定吸光度 A_1(即染色前的染液吸光度)。必须注意,为使测得的吸光度值和染液浓度之间有良好的线性关系,应尽可能使吸光度值落在0.1~0.8之间。这可以通过初步试验,找到染液的合适冲稀倍数 N_1 来达到。

(6) 对染色残液以同样方法进行测定,首先找出合适的冲稀倍数 N_2,然后测出其吸光度值 A_2(即染色后的染液吸光度)。

(7) 根据测得的染色前及染色后的染液的吸光度值,计算上染百分率。

(四) 任务结果与分析

设计表格,记录实验测试数据,并进行计算,针对结果进行分析自评。

三、上染速率曲线测定

在实际染色时,整个染色过程中温度常随染色时间而变化。但测定上染速率曲线时,温度应保持不变;即在保持染色温度恒定不变的条件下,测定不同上染时间下的染料上染百分率,作出上染率和时间的关系曲线。以测定活性染料染棉的上染速率曲线为例,方法如下:

(一) 训练器材准备

(1) 仪器设备:722 型可见分光光度计、滤纸、恒温水浴锅、容量瓶(25 mL 或 50 mL)、染杯、移液管(2 mL)、表面皿、温度计、电子天平等。

(2) 染化药品:直接耐晒蓝 2B。

(3) 实验材料:纯棉半制品 1 块(4 g)。

(4) 染料母液:0.5 g/L。

(二) 基本原理

在恒温条件下染色,测定不同染色时间下的上染百分率,以上染百分率为纵坐标、染色时间为横坐标,所得曲线即为上染速率曲线。

(三) 任务完成步骤

(1) 量取 0.5 g/L 直接耐晒蓝 2B 溶液 200 mL 于染杯中,加热至 90 ℃±2 ℃。投入预先经润湿并挤干的织物,在恒温下染色,并开始计时。

(2) 染至 5 min、10 min、20 min、40 min、60 min 时,各量取染液 2 mL 至 25 mL 容量瓶中。每次取完,在染液中补加 2 mL 相同温度的水(保持染液体积不变)。

(3) 将容量瓶定容,按时间顺序编号,测 A 值;以同样方法测定初始染液的 A 值。分别计算对应的上染百分率。

(4) 建立坐标系,以上染率为纵坐标、染色时间为横坐标作图,得到规定温度下的染料上染速率曲线。

注意:采用该方法测量上染速率曲线,操作容易,但不够严格,是一种近似方法;同一结构的染料的上染速率曲线,会由于染料商品化条件的不同而有差异。

(四) 任务结果与分析

设计表格,记录实验测试数据,并进行计算,针对结果进行分析自评。

【过关自测】

1. 解释下列术语：

染色、染色匀染度、染色牢度、上染百分率、平衡上染百分率、直接性、动电层电位、促染、缓染、亲和力、半染时间。

2. 叙述染料染色的三个阶段。
3. 染料的吸附形式有哪些？
4. 影响吸附速率的因素有哪些？初染时期的吸附速率对染色有何影响？
5. 影响染料扩散速率的因素有哪些？就染色条件而言，最为有效的提高扩散速率的手段是什么？
6. 染料的固着形式有哪些？
7. 染料的固着形式与染色牢度之间有何关系？
8. 离子型染料在染液中有哪三种存在形式？三种形式之间有何关系？
9. 对于非离子型染料而言，影响染液稳定性的因素有哪些？
10. 纤维在溶液中的电荷呈哪两种形式？何种纤维在什么条件下呈正电性？
11. 试解释双电层的形成机理。
12. 动电层电位对不同类型的染料染色时的作用是什么？
13. 染色时常用的促染剂和缓染剂分别有哪些？
14. 促染剂或缓染剂用量过多对染色分别有何影响？
15. 吸附等温线类型有哪几种？吸附等温线对染色有何指导意义？
16. 半染时间对染色有何指导意义？
17. 亲和力的意义是什么？
18. 常见的间歇式染色设备有哪些？试列举三种设备说明其特点。
19. 连续式轧染机一般由哪几类单元装置组成？各单元机分别有什么作用？
20. 常见的纱线染色设备有哪些？

【主题拓展】新型染色方法（或设备）发展现状

查阅资料，归纳形成新型染色方法（或新型染色设备）的发展现状报告。

主要参考文献：

[1] 蔡苏英.纤维素纤维制品的染整.北京：中国纺织出版社，2011.
[2] 蔡苏英.染整技术实验.北京：中国纺织出版社，2009.
[3] 廖选亭.染整设备.北京：中国纺织出版社，2009.